· 超级思维训练营系列丛书 ·

IQ碰碰车

IQ PENGPENGCHE

田永强 ◎ 编 著

给思维一次跳跃 ———— 晒一晒你的IQ额度

中国出版集团　现代出版社

图书在版编目(CIP)数据

IQ 碰碰车 / 田永强编著. —北京:现代出版社,
2012.12(2021.8 重印)

(超级思维训练营)

ISBN 978 – 7 – 5143 – 1001 – 6

Ⅰ. ①I… Ⅱ. ①田… Ⅲ. ①思维训练 – 青年读物②思维
训练 – 少年读物 Ⅳ. ①B80 – 49

中国版本图书馆 CIP 数据核字(2012)第 275930 号

作　　者	田永强
责任编辑	张　晶
出版发行	现代出版社
通讯地址	北京市安定门外安华里 504 号
邮政编码	100011
电　　话	010 – 64267325　64245264(传真)
网　　址	www.xdcbs.com
电子邮箱	xiandai@cnpitc.com.cn
印　　刷	北京兴星伟业印刷有限公司
开　　本	700mm×1000mm　1/16
印　　张	10
版　　次	2012 年 12 月第 1 版　2021 年 8 月第 3 次印刷
书　　号	ISBN 978 – 7 – 5143 – 1001 – 6
定　　价	29.80 元

前　言

　　每个孩子的心中都有一座快乐的城堡,每座城堡都需要借助思维来筑造。一套包含多项思维内容的经典图书,无疑是送给孩子最特别的礼物。武装好自己的头脑,穿过一个个巧设的智力暗礁,跨越一个个障碍,在这场思维竞技中,胜利属于思维敏捷的人。

　　思维具有非凡的魔力,只要你学会运用它,你也可以像爱因斯坦一样聪明和有创造力。美国宇航局大门的铭石上写着一句话:"只要你敢想,就能实现。"世界上绝大多数人都拥有一定的创新天赋,但许多人盲从于习惯,盲从于权威,不愿与众不同,不敢标新立异。从本质上来说,思维不是在获得知识和技能之上再单独培养的一种东西,而是与学生学习知识和技能的过程紧密联系并逐步提高的一种能力。古人曾经说过:"授人以鱼,不如授人以渔。"如果每位教师在每一节课上都能把思维训练作为一个过程性的目标去追求,那么,当学生毕业若干年后,他们也许会忘掉曾经学过的某个概念或某个具体问题的解决方法,但是作为过程的思维教学却能使他们牢牢记住如何去思考问题,如何去解决问题。而且更重要的是,学生在解决问题能力上所获得的发展,能帮助他们通过调查,探索而重构出曾经学过的方法,甚至想出新的方法。

　　本丛书介绍的创造性思维与推理故事,以多种形式充分调动读者的思维活性,达到触类旁通、快乐学习的目的。本丛书的阅读对象是广大的中小学教师,兼顾家长和学生。为此,本书在篇章结构的安排上力求体现出科学性和系统性,同时采用一些引人入胜的标题,使读者一看到这样的题目就产生去读、去了解其中思维细节的欲望。在思维故事的讲述时,本丛书也尽量使用浅显、生动的语言,让读者体会到它的重要性、可操作性和实用性;以通俗的语言,生动的故事,为我们深度解读思维训练的细节。最后,衷心希望本丛书能让孩子们在知识的世界里快乐地翱翔,帮助他们健康快乐地成长!

目　录

第一章　逻辑机灵鬼

第二章　出奇制胜

第三章 奇思妙想

第四章 神机妙算

第五章　星移斗转

第六章　原来如此

第七章　智力比拼

第一章　逻辑机灵鬼

谁在说谎

有 3 个外国女孩在一起讨论她们的好朋友詹尼的问题。她们分别是诗纹、蓝迪、彭帝。

诗纹说："詹尼喜欢蓝迪。"

蓝迪说："詹尼不喜欢诗纹。"

彭帝说："詹尼不喜欢蓝迪。"

其中有一人讲谎话，到底詹尼喜欢谁呢？

 **参考答案**

詹尼喜欢诗纹。

文中的对话，有一对是矛盾的。这样就将答案锁定在这两个之中，那么我们可以进行假设。

假设诗纹说谎，詹尼喜欢彭帝或诗纹，这与彭帝说法就矛盾了，排除；若蓝迪说谎，詹尼喜欢的就是诗纹；若彭帝说谎，詹尼喜欢诗纹或蓝迪。

山姆有罪吗

芝加哥的一家大型超市,其中的一批财物失盗。芝加哥侦查局经过侦查,拘捕了3个重大的嫌疑犯:山姆、汤姆与珍妮。后来,经过审问,查明了以下的事实:

1. 罪犯带着赃物是坐车逃掉的;
2. 不与山姆同伙,珍妮决不会作案;
3. 汤姆不会开汽车;
4. 罪犯就是这3个人中的一个或一伙。

在这个案子里,山姆有罪吗?

参考答案

在这个案子里,山姆肯定是有罪的。

我们可以这样来推理:如果汤姆无罪,那么,罪犯就是山姆,或是珍妮。假如山姆就是罪犯,那他当然有罪。而假如珍妮是罪犯,那他一定是与山姆共同作案的(因为他不与山姆同伙是决不作案的)。所以,在汤姆无罪的情况下,山姆是有罪的。

如果汤姆有罪,那么他必定要伙同一个人去作案(因为他不会开汽车)。他或者伙同山姆,或者伙同珍妮。如果伙同山姆,那么山姆当然有罪。如果伙同珍妮,那么,山姆还是有罪,因为珍妮只有伙同山姆才会作案。或者汤姆无罪,或者汤姆有罪,总之,山姆是有罪的。

以上的推理,显然是运用二难推理。我们如果仔细地分析一下,就可以看出这里包含着3个二难推理。

(1)假设汤姆无罪。其具体的二难推理过程为:假如山姆是罪犯,那么山姆当然有罪;假如珍妮是罪犯,那么山姆也有罪或者山姆是罪犯,或者珍妮是罪犯。总之,山姆有罪这是简单构成式的二难推理。

(2)从假设汤姆有罪推出山姆有罪,运用的也是二难推理。即如果汤姆伙同山姆作案,那么山姆当然有罪;如果汤姆伙同珍妮作案,那么山姆还是有罪或者伙同山姆,或者伙同珍妮总之,山姆有罪这也是个简单构成式的二难推理。

(3)把以上两个假设合并起来,也是一个二难推理。即如果汤姆无罪,那么山姆是有罪的;如果汤姆有罪,那么山姆还是有罪的或者汤姆无罪,或者汤姆有罪总之,山姆有罪这也是个简单的构成式的二难推理。

思维小故事

说谎的女招待

法国巴黎一家豪华的旅馆。

一大清早,经理就向警察局报案:旅客沙娜小姐的一个装有许多贵重首饰的手提包被窃了。

几分钟后,警长哈尔根赶来。他查看了一下现场,就把沙娜小姐叫到跟前,询问案发的经过。

沙娜小姐是代表公司来参加一个国际博览会的,一下飞机就来到这家旅馆。她的手提包里装有许多精美的首饰,二楼的女招待员替她把手提包放在床头柜上。

"小姐,你需要什么? 请尽管吩咐。"女招待员十分殷勤地说。

沙娜小姐说:"我没有别的事,只是请您明天早上给我送一杯热牛

奶来。"

　　睡觉前,沙娜小姐还把首饰清点了一遍,没发现缺失损坏的。

　　第二天一早,她醒来后便按电铃叫女招待员送牛奶来,自己去洗漱间。刷好牙,她在洗脸时,听见房门开了,以为是女招待员送牛奶来了,便没在意。

　　可是,当她冲洗脸上的香皂时,只听见外面"啊"的一声惨叫,接着是"扑通"一声。沙娜小姐急忙奔出去看,只见女招待员躺倒在房门口,已经失去了知觉,额上鲜血直流。她再往床头柜上一看,更是吃了一惊:手提包不翼而飞了……

　　警长哈尔根听完沙娜小姐的叙述,又去看望已经醒过来的女招待员,请她把刚才的情况说一遍。

　　头部受了些伤的女招待员吃力地说:"刚才,我按沙娜小姐的吩咐,

端来了一杯热牛奶。可是我刚进房门,猛觉身后一阵风;没等我反应过来,就见身后窜出一个男人。他猛地朝我头上打了一拳,我一下子被打倒在地。在昏昏沉沉中,好像看到他拿了一只手提包逃走了。"

警长问:"那人长得什么样?"

"我没看清。"

警长没问下去,走到床头柜前,端起那杯热牛奶说:"沙娜小姐,您还没喝牛奶呢。"

"呀,对了,您不说我都忘了。"

女招待殷勤地说:"凉了吧,小姐,我去替您热热。"

警长嘲讽地说:"招待小姐,别再演戏了,快招出你的同伙吧!"

女招待的脸变得惨白,争辩说:"警长先生,您这是什么意思?"

警长冷笑了一声,说出了自己发现的破绽。女招待员张口结舌,无法自圆其说。在警长的一再追问下,女招待员只得招供出同伙,并交出了那只装满贵重首饰的手提包。

警长是怎么判断女招待员在说谎的呢?

参考答案

女招待说,她才开房门,就有男人把她打倒在地。可是那杯牛奶却好好地放在床头柜上。女招待明显在说谎。

婚姻状况如何

在一次集体舞会上,云梦先生看到很漂亮的丽娜。她一个人站在酒柜旁边。参加舞会的总共有19人。

其中,有7人是单独一人来的,单独前来的男士都不处于订婚阶段。

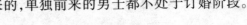

凡单独前来的女士都尚未订婚。

其余的都是一男一女成双成对地来的。那些成双成对来的,或是双方已订婚,或是双方已结婚。

参加舞会的男士中,处于订婚阶段的人数等于已经结婚的人数。

单独来的已婚男士的人数,等于单独来的尚未订婚的男士的人数。

在参加舞会的已经结婚、处于订婚阶段和尚未订婚这3种类型的女士中,丽娜属于人数最多的那种类型。

尚未订婚的云梦先生,希望知道丽娜是哪一种类型的女士?

在这3种类型女士中,你知道丽娜属于哪一种?

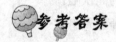

丽娜没结婚。

来参加舞会的共19个人,有7个单独来的。

19－7＝12,说明订婚或结婚的人数有12个人。

男士订婚人数要等于结婚人数,但是不可能是订婚3个,结婚3个,因为还有单独来的可能是结婚的,单独来的没订婚的,说明成双的那12个人中,订婚人数更多,要大于3,小于5,所以应该是4。

又知道男士订婚人数等于结婚人数,订婚的等于4人,结婚的2人,有2个已婚人士单独来,单独来的未婚男士等于已婚男士,等于2个,所以未婚女性是19－8－4－2－2＝3人。

所以丽娜已经订婚。

订婚就是没结婚的,所以丽娜没结婚。

这需要大家注意:已婚女性都没有参加聚会;参加聚会的已婚男性有一半都没有带老婆来;丽娜订婚了还一个人孤单地站在酒柜边;订婚的加上结婚的一共是6对。

需要大家注意的是一些关键的条件:在参加舞会的男士中,处于订婚阶段的人数等于已经结婚的人数、单独来的已婚男士的人数,等于单独来的尚未订婚的男士的人数。所以丽娜已订婚。

12 个乒乓球的难题

这是一道智力题,下面我来考考你是不是一个机灵鬼。

这道题目,是不需要基础知识的,但是一般人做不出来或者做不下去,这次就看你的了。

请看仔细:有 12 个乒乓球特征相同,其中只有一个重量异常。现在要求用一部没有砝码的天平称 3 次,将其中的重量异常的球找出来。

但是请你注意:没告诉你异常的球是轻的还是重的,并且只能称 3 次!

时间与智力对照:

如果你在 30 分钟以内的做出来,说明你的智力很高很高很高,不知道有多高……

如果你在 60 分钟以内做出来,说明你的智力很高。

如果你在两小时内做出来,说明你的智力相当高。

如果你在 1 天或者 1 周内做出来,说明你的智力也很高,而且还是一个有毅力的人。

如果你是在 10 分钟内做出来的,说明你可能以前做过,或者多半是个马虎的人,蒙对了。

温馨提示:请不要随意看答案,这样会影响你智力的发展!

这个题目有点难度。你感觉到了吗? 题目难就难在不知道哪个不合格的坏球,究竟是比合格的好球轻,还是重。要解出这道题,就需要我们熟练地运用各种推理形式,同时把你的小机灵鬼的机灵劲用上。

方法:请你想一想,用无码天平称乒乓球的重量,每称一次会有几种结果？对的,有 3 种不同的结果,即左边的重量重于、轻于或者等于右边的重量。

为了做到称 3 次,就能把这个不合格的乒乓球找出来,必须把球分成 3 组,各组分得 4 个球。为了便于解题,同学们最好把这 3 组乒乓球编号表示,分别编号为 A 组、B 组、C 组。

首先,选任意的两组球放在天平上称。例如,我们把 A、B 两组放在天平上称。这就会出现两种情况:

第一种情况,天平两边平衡。那么,不合格的坏球必在 C 组之中。再从 C 组中任意取出两个球(例如 C1、C2)来,分别放在左右两个盘上,称第二次。这时,又可能出现两种情况:

一种可能是:天平两边平衡。这样,坏球必在 C3、C4 中。因为,在 12 个乒乓球中,只有一个是不合格的坏球。只有 C1、C2 中有一个是坏球时,天平两边才不平衡。既然天平两边平衡了,可见,C1、C2 都是合格的好球。称第三次的时候,可以从 C3、C4 中任意取出一个球,比如拿出 C3,同另一个合格的好球,比如 C1,分别放在天平的两边,就可以推出结果。这时候可能有两种结果:如果天平两边平衡,那么,坏球必是 C4;如果天平两边不平衡,那么,坏球必是 C3。

另一种可能是:天平两边不平衡。这样,坏球必在 C1、C2 中。因为,只有 C1、C2 中有一个是坏球时,天平两边才不能平衡。这是称第二次。称第三次时,可以从 C1、C2 中任意取出一个球,比如拿出 C1,同另外一个合格的好球,比如 C3,分别放在天平的两边,就可以推出结果。道理同上。

上面分析的是第一次称之后出现第一种情况的分析。下面分析出现的第二种情况。

第二种情况,第一次称过后天平两边不平衡。说明 C 组肯定都是合格的好球,而不合格的坏球必在 A 组或 B 组之中。

我们假设:A 组(有 A1、A2、A3、A4 四球)重,B 组(有 B1、B2、B3、B4

四球)轻。这时候,需要将重盘中的 A1 取出放在一旁,将 A2、A3 取出放在轻盘中,A4 仍留在重盘中。同时,再将轻盘中的 B1、B4 取出放在一旁,将 B2 取出放在重盘中,B3 仍留在轻盘中,另取一个标准球 C1 也放在重盘中。

经过这样的交换后,每盘中各有 3 个球:原来的重盘中,现在放的是 A4、B2、C1,原来的轻盘中,现在放的是 A2、A3、B3。现在开始称第二次,这次称后可能出现的是 3 种情况:

情况一:天平两边平衡。这说明 A4、B2、C1 = A2、A3、B3,说明了一点,是这 6 个球是好球,这样,坏球必在盘外的 A1 或 B1 或 B4 之中。已知 A 盘重于 B 盘。所以,A1 或是好球,或是重于好球;而 B1、B4 或是好球,或是轻于好球。

现在把 B1、B4 各放在天平的一端,称第三次。这时也可能出现 3 种情况:①如果天平两边平衡,可推知 A1 是不合格的坏球,这是因为 12 只球只有一只坏球,既然 B1 和 B4 重量相同,可见这两只球是好球,而 A1 为坏球;②B1 比 B4 轻,则 B1 是坏球;③B4 比 B1 轻,则 B4 是坏球,这是因为 B1 和 B4 或是好球,或是轻于好球,所以第三次称实则是在两个轻球中比一比哪一个更轻,更轻的必是坏球。

情况二:放着 A4、B2、C1 的盘子(原来放 A 组)比放着 A2、A3、B3 的盘子(原来放 B 组)重。在这种情况下,则坏球必在未经交换的 A4 或 B3 之中。这是因为已交换的 B2、A2、A3 个球并未影响轻重,可见这 3 只球都是好球。

以上说明 A4 或 B3 这其中有一个是坏球。这时候,只需要取 A4 或 B3 同标准球 C1 比较就行了。例如,取 A4 放在天平的一端,取 C1 放在天平的另一端。这时称第三次。如果天平两边平衡,那么 B3 是坏球;如果天平不平衡,那么 A4 就是坏球(这时 A4 重于 C1)。

情况三:放着 A4、B2、C1 的盘子,比放着 A2、A3、B3 的盘子轻。也就是原来的 A 组比原来的 B 组轻。

这种情况下，坏球必在刚才交换过的 A2、A3、B3 球之中。这是因为，如果 A2、A3、B2 都是好球，那么坏球必在 A4 或 B3 之中，如果 A4 或 B3 是坏球，那么放 A4、B2、C1 的盘子一定重于放 A2、A3、B3 的盘子，现在的情况恰好相反，所以，并不是 A2、A3、B2 都是好球。

上面的操作说明 A2、A3、B2 中有一个是坏球。现在只需将 A2 同 A3 相比，称第三次，即推出哪一个是坏球。把 A2 和 A3 各放在天平的一端称第三次，可能出现 3 种情况：①天平两边平衡，这可推知 B2 是坏球；②A2 重于 A3，可推知 A2 是坏球；③A3 重于 A2，可推知 A3 是坏球。

根据称第一次出现的 A 组与 B 组轻重不同的情况，我们刚才假设 A 组重于 B 组，并作了以上的分析，说明在这种情况下如何推论哪一个球是坏球。如果我们现在假定出现的情况是 A 组轻于 B 组，这又该如何推论？请你们试着自己推论一下。

思维小故事

老板的谎言

一个下着小雪的寒冷夜晚，11 点半左右，罗波侦探接到报案，急速赶往现场。

现场是位于繁华街上一条胡同里的一家拉面馆。挂着印有"面"字样的半截布帘的大门玻璃上罩着一层雾气，室内热气腾腾，从外面无法看见室内的情景。

拉开玻璃房门，罗波侦探一个箭步闯进屋里，他那冻僵了的脸被迎面扑来的热气呛得一时喘不过气来；落在肩头的雪花马上就融化掉了。

在靠里面角落的一张桌子上，一个流氓打扮的男子的头扎在盛面条的大碗里，太阳穴上中了枪，死在那里。大碗里面流满了殷红的鲜血。

"侦探先生，深更半夜的真让您受累了。"面馆的老板献媚地打着笑脸，上前搭话说。

罗波马上就想了起来，这就是以前被松本抓进大牢的那个家伙。

"啊，是你呀，改邪归正了吗？"

"是的，总算……"

"你把那个人被杀的情况详细讲给我听。"

"11点半左右，客人只剩他一个了。他要了两壶酒和一大碗面条。正吃的时候，突然门外闯进来一个人。"

"是那家伙开的枪？"

"是的，他一进屋马上从皮夹克的口袋里掏出手枪开了一枪。我当

时正在操作间里洗碗。哎呀,那真是个神枪手,他肯定是个职业杀手。开完枪后他就逃掉了,我被突如其来的事件吓得呆立在那里。"老板好像想起了当时的情景,脸色苍白地回答。

"当时这个店就你一个人吗?"

"是的。"

"那案犯的长相如何?"

"这个可不太清楚,高个子,戴着一个浅色墨镜,鼻子下面蒙着围巾。总之,简直像一阵风一样一吹而过。"

"是吗……"

罗波略有所思似的紧紧盯着老板的脸。

"那么,太可怜了。这下子你又该去坐牢了。你要是想说谎,应编造得更高明一点儿!"罗波侦探如此不容置疑的口气,使面馆老板吓得全身一哆嗦。

那么,罗波侦探是如何推理,识破老板的谎言的呢?

参考答案

面馆老板说案犯是个戴墨镜的人,这肯定是在说谎,因为进到满是热气的房子时,镜片上会结霜导致看不清,根本不会马上射杀受害者。

舀 酒

杏花村酒铺里来了一个特殊的顾客。此人明明知道店里只有两个舀酒的勺子,分别能舀 7 两和 11 两酒,却硬要老板娘卖给他 2 两酒。聪明的老板娘毫不含糊,用这两个勺子在酒缸里舀酒,并倒来倒去,居然量出了 2 两酒。

聪明的你能做到吗？要不要和老板娘比比智慧？进行思维碰碰车游戏？

参考答案

老板娘舀酒第一步：11－7＝4，先把11两的勺舀满，倒入7两的勺内直到满，则11两的勺内剩4两酒，把7两的勺清空，把11两勺内剩的4两酒倒入7两的勺内，则7两勺内少3两酒。

老板娘舀酒第二步：11－3＝8，把11两的勺内装满酒，倒入装有4两酒的7两的勺内，则11两的勺内剩8两酒，清空7两的勺。

8－7＝1，把11两的勺内剩的8两酒倒入7两勺内直到满，则11两的勺内剩1两酒，清空7两的勺，把11两勺内剩的1两酒倒入7两的勺内。

11－6＝5，把11两的勺内装满酒，倒入装有1两酒的7两勺内直到满，则11两的勺内剩5两酒，清空7两的勺，把11两的勺内剩的5两酒倒入7两的勺内。

11－2＝9，把11两的勺装满酒，倒入装有5两酒的7两勺内直到满，则11两的勺内剩9两酒。

9－7＝2，清空7两的勺，用11两的勺内剩的9两酒把7两的勺装满，这时11两的勺内剩2两酒，完全满足了这位想刁难她的顾客的要求。

飞机加油

你坐过飞机吗？你是否想到行程很遥远的飞机的加油问题呢？好了，这就有这样的一个问题：已知每架飞机只有一个油箱，飞机之间可以相互加油。是飞机相互加油，没有加油机的。1箱油可供1架飞机绕地

球飞半圈,问:为使至少1架飞机绕地球1圈回到起飞时的飞机场,至少需要出动几架飞机?

条件是所有飞机从同一机场起飞,而且必须安全返回机场,不允许中途降落,中间没有飞机场。

3架飞机,飞行5架次。

我们需要设置几个特殊的点:起飞点A;1/8圈处B;1/4圈处C;3/4圈处D——反向的1/4圈处;7/8圈处E——反向的1/8圈处。

请你设想一下,1架飞机绕地球1圈回到起飞时的飞机场。那么它需在B处接受1/4箱油,需在C处接受1/4箱油,需在D处接受1/4箱油,需在E处接受1/4箱油;这样才能保证题上说的有一架飞机绕地球一圈。

一架1a梯队:由机场正向起飞后,飞到B处接受1/4箱油,飞到C处输出1/4箱后,返回机场;

一架1b梯队:由机场正向起飞后,飞到B处输给2架飞机各1/4箱后,返回机场;

一架2a梯队:由机场反向起飞后,飞到D处输出1/4箱后,返回,飞到E处接受1/4箱油,回机场;

一架2b梯队:由机场反向起飞后,飞到E处输给2架各1/4箱后,即返回机场。

这么算下来一共出动飞机5架次。

如果飞机回机场后,再起飞,还当作1架飞机计算,那么,只需3架飞机。

经过思维的碰撞,聪明的你赢了吗?

神秘的刀痕

金不烂当铺的老板死了,而且死得很惨,被一把短剑刺穿胸膛活活钉在墙板上。老板娘吓得半死。报案后不一会儿,警察局的人就来了,为首的是有名的侦探岩风。

岩风勘察了现场,老板刚死不久,不到一个小时。现场除扎在死者身上的剑外,地上还有一把刀。经过辨认,老板娘确定这是她丈夫的。屋里的柜子上和周围墙板上有多处新划的刀痕,像是搏斗时留下的。除了这些,岩风再也看不出其他蛛丝马迹了。

岩风下令将有作案时间和嫌疑的人先抓起来。很快抓到了4个人,两个是本店的伙计,两个是刚来过当铺的顾客。岩风对这4个人一一盘问,可谁也不肯承认自己是杀害老板的凶手。没有证据,岩风也拿他们没有办法,只好暂时将他们看管起来。

金不烂老板慈眉善目,街坊邻里口碑不错,从来没听说有人和老板有仇,仇杀的可能性很小。如果是谋财,也不对,柜台的银子一两没少,显然不是为了钱财。

那凶手是为了什么呢?岩风琢磨着白天的每一个画面和每一个细节。

找不到库房的钥匙,以为被凶手拿走了,后来怎么又找到了?老板娘应该熟悉放钥匙的地方,为什么钥匙不在平时所放的抽屉里,而放在从来没有放过的下面的抽屉里?把钥匙换了个抽屉,是他人所为,还是死者生

IQ碰碰车

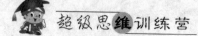

前的什么用意？还有，根据死者被刺的部位判断，凶手个子较高，力气不小，把人刺穿了还狠狠地扎进墙板，可以说是个高大魁梧的家伙。但是，现场有这么多刀痕，说明两个人有过一场殊死搏斗，且势均力敌，不相上下。这样的厮杀，会惊动周围不说，还与岩风判断的凶手不符。因为老板个子矮小，身单力薄，不可能与一个身强力壮的人相持那么长久。

如果说老板只反抗三两下就败在凶手的剑下，那么，现场又怎么会有这么多的刀痕？岩风越想越觉得不对头，这里必定有文章。

一大清早，岩风又匆匆赶去案发现场。他再次仔仔细细地查看现场，特别是那些刀痕。岩风发现柜子上的刀痕断断续续的有些凌乱，有的还不像一刀划过的样子。他思索着。突然，岩风想到了库房钥匙换了抽屉的事。对啊，这些抽屉不都是可以替换的么？难道……岩风将一个个抽屉全拉了出来，然后再按照抽屉上和柜子上的刀痕，像拼图一样将它们拼起来再放进柜子里去。

当全部抽屉放回柜子后,岩风不禁眼睛一亮,说了声"成了",就拔腿赶回警察局。

一到警察局,岩风就把其他 3 个人放了,留下疑犯王七。王七不服,说:"他们可以走了,为什么不放我?"

岩风什么也没说,只是把王七带到了金不烂当铺。当王七再次来到犯罪现场,也就是他杀死老板的地方时,脸色一下子变得煞白了。

"看见了吧,这就是你杀害老板的证据。"岩风威严地说。

王七见事情已经败露,吓得魂不附体,直打哆嗦,"扑通"一声跪在了岩风的面前,哭喊着拼命求饶。王七已无可辩驳,只好供认了他的杀人罪行。

天衣无缝的杀人计划,却还是被岩风看出了破绽。

杀害老板的证据到底是什么呢?

参考答案

岩风重新把抽屉放置到柜子上,发现那些用刀划出的"王七"两个字,这是老板情急之下有意划下的痕迹。

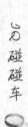

100 个乒乓球

张婶开文具店的店面很紧张。她要把 100 个乒乓球装进 6 个盒子里面,来节省空间,并想让每个盒子内的乒乓球数量的个位数字都带 6。该怎么分呢?你来帮帮她吧?

— 17 —

参考答案

思维第一步:6 的倍数分别为:6、12、18、24、30、36、42、48、54、60……

即 N 个 6 相加的结果的"个位数"出现的可能性为:0(0 个 6 相加)、2(2 个 6 或 7 个 6 相加)、4(4 个 6 相加)、6(1 个 6 或 6 个 6 相加)、8(3 个 6 或 8 个 6 相加)。

张婶要求将这些乒乓球,装进 6 个盒子里面,所以 0 必定是不存在的(不可能是 0 个盒子)。这样就只剩下了 2(2 个 6 相加)、4(4 个 6 相加)、6(1 个 6)、8(3 个 6 相加)情况了。

因此,只要符合 2、4、6、8 相加等于 0 且 6 的个数为 6,再配上十位,来验证是否总和等于 100 就分完了。

好,咱们看看这样的组合:2 + 8 = 10,即是 2 个 6 和 3 个 6 相加,"2 + 8"这组不等于 6 的倍数,这个组合不行。4 + 6 = 10,即是 4 个 6 和 6 个 6 相加,"4 + 6"这组也不等于 6 的倍数,所以这个组合也不行……

经验算,以上组合无法满足。因此,我们可以得出此题无解的结果。

但是,若装进 5 个盒子里面,结果会是什么样呢?

可以按照上面的推算得出 2 组(2 个 6 相加),1 个 6,再配上十位上的数。我写出一种放法吧:6,16,16,16,46,这只是一种搭配,还有很多种搭配,只要十位加起来为 7 即可,这下你也能写出来许多了吧? 好了,其他的由你来完成喽!

帽子猜、猜、猜

天气渐渐冷了,我们出门上学的时候,会把帽子戴在头上。现在有爸爸、妈妈、小明 3 个人,有 3 顶红色的和两顶白色的共 5 顶帽子。

将其中的3顶帽子分别戴在爸爸、妈妈、小明3人头上。这3人每人都只能看见其他两人头上的帽子,但看不见自己头上戴的帽子,并且也不知道剩余的两顶帽子的颜色。

小明问爸爸:"你戴的是什么颜色的帽子?"

爸爸回答说:"不知道。"

接着,又以同样的问题问妈妈。

妈妈想了想之后,也回答说:"不知道。"

最后小明笑了,回答说:"我知道我戴的帽子是什么颜色了。"

当然,小明是在听了爸爸、妈妈的回答之后而作出回答的。

那么,你能告诉我小明戴的是什么颜色的帽子吗?

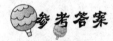 参考答案

红帽子。

第一种方法:爸爸和妈妈无法判断出自己帽子的颜色,说明他们看到的情况要不是一红一白,要不就是两顶都是红帽子。如果小明听了之后还是觉得无法判断,那么就是看到的也是一红一白,或者两个红色这两种情况。

如果他能够判断出自己帽子的颜色,那么就是两种情况,爸爸和妈妈是两顶白帽子或者两顶红帽子。如果小明看见的是两顶白帽子,因为我们知道白帽子只有两顶,所以小明很容易的就得到自己的帽子是红色的。

如果小明戴的是白帽子,对爸爸来说,同上理,他肯定看到妈妈戴的是红帽子,才会不知道自己戴的是什么颜色的帽子;最后,也是最关键的,对妈妈来说,以爸爸的逻辑推理,如果他看到小明戴的是白帽子,而爸爸又不知道自己帽子的颜色,则妈妈就能肯定自己戴的是红帽子,因此在题目中妈妈不知道与自己帽子的颜色相悖,所以,小明戴的是红颜色的帽子。

第二种方法:其实小明根据爸爸说的"不知道"给他的信息是这样

的:如果妈妈、小明分别戴两顶白帽子,爸爸看到后就能推断出自己戴的是红帽子了。所以小明可以得到一个结论:妈妈、小明之中,至少有一个人戴着红帽子。同理,再根据妈妈说的"不知道",可以得到一个结论:爸爸、小明之中,至少一个人戴红帽子。

综合爸爸和妈妈他们两个人判断的"不知道",得出结论,小明自己只能戴红帽子。

思维小故事

郁金香与珍珠

一天中午刚过,私人侦探萨姆逊应推理小说作家霍尔曼的邀请,来到阿姆斯特丹郊外的一所住宅。令人吃惊的是,霍尔曼正在送停在门前的一辆要发动的警察巡逻车。

"先生,到底出了什么事儿?"

"喂,萨姆逊先生,你来晚了一步。刑警勘查了现场刚走。本想让你这位名侦探也一同来勘查一下的。"

"勘察什么现场?"

"进来了溜门贼。详细情况请进来谈吧。"

霍尔曼把萨姆逊侦探让进客厅后,马上介绍了事情的经过。

"昨天早晨,一个亲戚家发生了不幸,我和妻子便一道出门了。今天下午,我自己先回家,一进门发现屋里乱七八糟的。肯定家里没人时进来了溜门贼,是从那扇门进来的。"霍尔曼指着面向院子的门。只见那扇门的玻璃被刀割开一个圆圆的洞。案犯是从洞里把手伸进来拨开插销进来的。

"那么,什么东西被盗了?"

"没什么贵重物品,只是照相机及妻子的宝石。除珍珠项链外都是些仿造品,哈哈哈……"

"现场勘查中,刑警们发现了什么有力的证据没有?"

"没有,空手而归。案犯连一个指纹也没有留下,一定是个溜门老手干的。要说证据,只有珍珠项链上的珍珠有五六颗丢在院子里了。"

"是被盗的那个珍珠项链上的珍珠吗?"

"是的。那条项链的线本来是断的。可能是案犯盗走时装进衣服口袋里,而口袋有洞漏出来的吧。"

霍尔曼领着萨姆逊来到正值夕阳照射的院子里。院子的花坛里正开着红、白、黄各种颜色的郁金香。

"喂!先生,这花中间也落了一颗珍珠哩。"萨姆逊发现一株黄色花的花瓣中间有一颗白色珍珠。

"哪里?哪里……"霍尔曼也凑过来看那株花朵。

"看来这是勘查人员的遗漏啊。"

"你知道这花是什么时候开的吗?"

"大概是前天。黄色郁金香总是最先开花,我记得很清楚。"霍尔曼答着,并小心翼翼地从花瓣中间轻轻地把珍珠取出。

这天晚上,霍尔曼亲手做菜。两人正吃

着鸡素烧时,刑警来电话了,并且把搜查情况通报给霍尔曼,说是已经抓到了两名嫌疑人,目前正在审讯。

两个嫌疑人中一个是叫汉斯的青年。昨天中午过后,附近的孩子们看见他从霍尔曼家的院子里出来。另一个是叫法尔克的男子。他昨天夜里10点钟左右偷偷地去窥视现场,被偶尔路过的巡逻警察发现了。

"这两个人中肯定有一个是案犯。但作案时间是白天还是夜里,还没有拿到可靠的证据。两个人都有目击时间以外不在作案现场的证明。所以,肯定是他们中的一个那时溜进去作案的。"刑警在电话里说。

萨姆逊从霍尔曼那儿听了这番话以后,便果断地说:

"如果如此,答案就简单喽!先生,请来看看花坛中的郁金香吧。"霍尔曼立即拿起手电筒半信半疑地来到院子里查看。花坛那儿很黑。霍尔曼查看后,返回屋里笑眯眯地说:"的确,你的推理是对的,真不愧是名侦探啊。我马上告诉那位刑警。"

那么,萨姆逊所认定的案犯是哪一个?

参考答案

是汉斯。开花不久的郁金香,一到晚上花瓣就会合上。被盗的珍珠能掉在花瓣里,说明作案时间是白天。

100元是假钞

最近,以TJ55、YX86开头的新版假钞开始出现在各地。一天有个年轻人来到王老板的店里,买了一件礼物。这件礼物成本是18元,标价是21元。结果是这个年轻人掏出YX86开头的100元要买这件礼物。王老板当时没有零钱,用那YX86开头的100元向街坊换了100元的零钱,找

给年轻人 79 元。但是街坊后来发现那 YX86 开头的 100 元是假钞,王老板无奈还了街坊 100 元。

王老板在这次交易中到底损失了多少钱?

参考答案

损失了 97 元。

分析:你假设,题目 3 个主体:年轻人,一张假钱的价值为 0,假设老板钱包里有 100 元,街坊钱包里也有 100 元。目前,总价值 200,老板卖东西,钱包进账 21。现在老板钱包里有 121 块,街坊钱包里进账,假钱 100 元,年轻人进账 79,加礼物 21。

后来,街坊得到老板掏出来的 100 元损失为 0……

老板钱包,121 - 100,剩 21。损失原来钱包的 100 - 21 = 79,总损失:79 + 礼物 21。本来能赚 3 块利润的,后来没赚到,就是损失 100 元。关键就是那 3 块利润。其实,老板根本没赚到钱。就是 100 + 18 - 21 = 97,老板一共亏了 97 元。你想,不管钱是真是假,老板做生意挣了 3 块钱。但是得来一张假钱,亏了 100 元,总体就是亏了 97 元。不要被迷惑了。还有哦,可要在收到 100 元钱的时候,看看上面开头的字码啊!

思维小故事

慷慨的小偷

艾诺先生是一名私人侦探。他独自经营着一家小小的事务所,生意

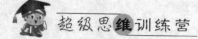

十分兴隆。这天，走进一位戴着墨镜的男子。艾诺问："您贵姓，有何贵干？"

来人板着面孔说："由于某种原因，我的身份不便公开，有点小事想请你办一下。听说你是一位出类拔萃的大侦探……"

"哪里，称不上什么出类拔萃……不过，我从来没辜负过委托人的期望，倒也是事实。"

说着，艾诺请那位男子落座。那人坐下后，开口说道："我是想请你对一个人进行跟踪，严密监视她的一举一动，而且千万不能让她察觉。"

"那很容易！跟踪这件事儿，我干过不止一两回了，哪一回也没出过岔子。您就交给我吧！不过，您重点调查些什么呢？"

"你只要监视她的一举一动，然后，向我如实汇报。只监视一个星期就行！到时我将来这儿取报告。"

"我既不知道您的姓名,又不了解您的身份,报酬该怎么办?"

"这些钱先供你做活动经费用,不足的部分以及酬金,等事情办完以后再一并支付吧!怎么样,无须我公开身份,你也会同意的吧?"

说着,那男人掏出厚厚一沓纸币。这笔钱远远超过一周工作所得的报酬,艾诺自然不好再说什么。于是盯着纸币,说:"好吧,愿意为你效劳。那么,跟踪的对象又是谁呢?"

听他这么发问,那男人又取出一张照片,放在那沓纸币上。这是一张少女的照片。

第二天,艾诺立即开始了跟踪活动。他在那少女家的附近暗中监视,没过多久,就看到照片上的那个少女从家中出来。不过,看上去她家并不十分豪华,少女本人也不算是美女。为什么要不惜花费重金,对她进行跟踪呢?艾诺感到这事有点蹊跷。

少女并未察觉到有人跟踪。她嘴里哼着小曲,满面春风地走着。艾诺悄悄地尾随其后,不久,就来到火车站。

少女买了一张车票,登上列车,看样子她是个喜欢游乐的人。跟踪这种人,真可谓轻而易举。不过跟得太近了,容易被发现;太远了,则又容易被甩掉。幸好这一带是商业区,艾诺才得以巧妙地隐蔽跟踪,并及时进行记录。少女来到山上一家小旅店住了下来。她一天到晚总是出去写生,从不和任何人交往。艾诺躲在远处,用望远镜监视着她,而她始终只是画画写写而已。三四天过去了,报告书仍是白纸一张,因为根本没有发现少女的行动有丝毫可疑之处。她既不像外国间谍的爪牙,也不像是寻找矿源的勘探者,为什么要监视、跟踪她呢?

一周就这样过去了,约定的跟踪期限也到了,然而那个少女仍然没有什么异常的举动。

虽说跟踪就要结束了,艾诺还是按捺不住自己的好奇心。他若无其事地走到少女身旁,搭讪着说:"您这次旅行好像很悠闲呀!"

少女不动声色地答道:"是呀,多亏一位好心人的帮助,我才得以享受旅游的乐趣!"

"什么?好心人?你在说什么呀?你原来没有想到这儿旅行吗?"

"是啊,我现在还是一个学生,本来没钱作尽兴的旅游。不过有一天,我在茶馆里碰见了一位男子,这次旅行费用全靠他……他对我说:'你在这儿度假可不怎样,我供给你旅费,你选择自己喜欢的地方去走走吧!'"

"他是怎样一个人?"

"他没有告诉我姓名和身份。若说特征么,只记得他戴一副墨镜。正因为这样,才没看清他的相貌。嗯,对了,他还跟我说想要我的一张照片,当时我觉得没法拒绝,就给了他。说不定是用来做广告模特儿什么的,所以才肯给他……"

"戴墨镜?"艾诺若有所思,"莫非他与我的那位主顾是同一个人?不过,即使如此,仍然令人费解。"艾诺带着满腹狐疑,回到离开一周的事务所。

"啊!"回到事务所的艾诺不禁掩面长叹出一声。

只见室内是一片狼藉,保险柜也被偷盗一空。

你知道那个戴墨镜的男人的作案动机与手法吗?

参考答案

戴墨镜的男子使了一个小小的诡计,让艾诺去跟踪那个少女一个星期。这样,他就有时间,可以不慌不忙地入空室作案。

第二章　出奇制胜

关门弟子的思维

亚里士多德是个功不可没的大物理学家。他一生培养了很多的徒弟,不亚于我国古代的孔圣人。在他年老时依旧不停地搞科研,在卡尔喀斯城地区,他要找个助手协助他搞研究。

他打出告示,说由于自己年迈,本次招的关门弟子,限时 5 天。要求就一个——必须十分聪明。这一消息,想刮风一样快,传遍千里。亚里士多德曾经在吕克昂学院教过书。3 天后,有两个曾经是他的学生,不远千里前来报名。这两人就是迪喀尔和格米修斯。

由于亚里士多德教过他俩,知道两人都很聪明。为了试一试两个人谁更聪明些,就把他们带进一间小黑屋里。

亚里士多德点着灯说:"跟我做个游戏。看,这张桌子上有 5 顶帽子,2 顶是红色的,3 顶是黑色的。现在,老师把灯吹灭,并把帽子摆的位置搞乱,然后,我们三人每人摸一顶帽子戴在头上。当我把灯再点着时,我看你俩谁能快速地说出自己头上戴的帽子的颜色。"

话音刚落,亚里士多德就把灯吹灭了,然后,3 个人都摸了一顶帽子戴在头上。

有意思的是,亚里士多德把余下的两顶帽子藏了起来。然后,亚里士多德把灯重新点亮。这时候,两位学生都看到亚里士多德头上戴的是一顶红色的帽子。

迪喀尔见格米修斯在犹豫,马上说道:"老师,我戴的是黑帽子。"

由于迪喀尔比格米修斯先回答出的,所以亚里士多德就将迪喀尔收为关门弟子。

你要不要和迪喀尔进行一次思维碰撞?

参考答案

迪喀尔的思维:"由于红帽子只有两顶,我看见了老师亚里士多德戴的是红帽子,如果我戴的也是红帽子,那么,格米修斯马上就可以猜到他自己戴的是黑帽子了;而现在格米修斯并没有立刻猜到说出他戴什么颜色的帽子,可以确定,我戴的不是红帽子。由于红帽子就2顶,剩下3顶的都是黑色的。所以,我戴的帽子肯定是黑色的。"

鹿死谁手

某部落的酋长带着他的部下:阿甘、阿成、阿木、阿同、阿顺5位,一同外出打猎。各人的箭上都刻有自己的名字。狩猎中,一头鹿中箭倒下,但不知是何人所射。

阿甘说:或者是我射中的,或者是阿木射中的。

阿成说:不是阿顺射中的。

阿木说:如果不是阿同射中的,那么一定是阿成射中的。

阿同说:既不是我射中的,也不是阿成射中的。

阿顺说:既不是阿木射中的,也不是阿甘射中的。

酋长让人把射中鹿的箭拿来,看了看,说:"你们5位部下的猜测,只有两人的话是真的。"

请根据酋长的话,判断鹿死谁手?

 **参考答案**

阿顺射中此鹿。

在5位的话语中,我们很快就能发现阿甘的话和阿顺的话是矛盾的。

阿甘的话具有"√"或者"×"的形式,其中"√"表示"阿甘射中此鹿","×"表示"阿木射中此鹿";阿顺的话恰好具有"非√"并且非"×"的形式。

根据复合命题的负命题的知识,可以确定阿甘和阿顺的话是相互否定的,亦即两个人的话中必有一真,必有一假。

另外,我们还能发现阿木的话和阿同的话也是矛盾的,阿木的话具有如果非"√",那么"×"的形式,其中,"√"表示"阿同射中此鹿","×"表示"阿成射中此鹿"。

阿同的话恰好具有非"√"并且非"×"的形式,根据复合命题的负命题的知识,可以确定阿木和阿同的话是相互否定的,亦即两个人的话中也必有一真,必有一假。

这样,不论阿甘和阿顺、阿木和阿同的话中,何者为真,何者为假,但可以肯定其中必有两个人的话是真的,那么,根据题意,剩下阿成所说的话就一定是假话。阿成说的是"不是阿顺射中此鹿",既然此话为假,那就可以断定是阿顺射中此鹿的。

确定了是阿顺射中此鹿的,就可以知道阿甘的话是假的,阿顺的话是真的;阿木的话是假的,阿同的话是真的。

思维小故事

包公智断鸡蛋案

　　包拯30岁当了开封府尹。推荐他来京的,是当朝太师王延龄。包拯虽是他推荐的,但是他对包拯的人品、才智究竟怎样,还了解得不那么清楚,总想找个机会好好试试包拯的才能。

　　这天一大早,老太师就起身,洗漱完毕,要仆人端上早点——3个五香蛋。他刚吃完一个鸡蛋,忽听家人禀报:“新府尹包拯来拜。”

　　王延龄一面吩咐快请,一面脑子转开了:我何不借此机会当面试试他呢? 于是,王延龄端起蛋碗对丫环说:“秋菊,你把这两只五香蛋吃了,任何人追问,不管怎样哄骗、威胁,你都不要说是你吃的,明白吗? 凡事有我做主,事后再赏你。”

　　秋菊听了一愣,可既然是老太师的吩咐又不敢拒绝,只得照吃了。

　　王延龄看她吃了,就走出内室,到了中堂,见到包拯后寒暄了几句后,便说:“舍下刚发生一桩不体面的事,想请包大人协助办理一下。”

　　包拯说:“太师不必客气,有事只管吩咐,下官一定照办。”

　　王延龄起身领着包拯走到内室,指着空碗说:“每天早上,我用3只五香蛋当早点。今日,刚吃了一只,因闹肚子,上厕所一趟,回来时那剩下的两只蛋竟不见了。这件事情虽小,不过太师府里怎么能容忍有这样手脚不干净的人?”

　　包拯点点头,问道:“时间多长?”

　　“不长。半顿饭的时间。”

碰碰车

"在这段时间内,家里有没有外人来了又走的?"

"没有。"

"老太师问了家里众人吗?"

"本人问了,他们都说未见到。你说奇怪不奇怪?"

包拯思索片刻说:"太师,只要信得过,我立即判明此案。"

包拯走出内室,来到中堂,吩咐说:"现在太师府里大小众人,全部集中,一厢站立。"这些家人虽然站立一旁,并不把新府尹放在眼里。包拯一见火了,桌子一拍,喝道:"王子犯法,与民同罪。今日我来办案,众人不得怠慢,免得皮肉吃苦。谁偷吃了太师的两只五香蛋,快说!"

众人一惊,顿时老实了。可是包拯连问三次,这些家人仍闷声不响,秋菊也像无事一样。王延龄在一旁睁大眼睛,装着急于要把此事弄明白的样子,眼看众人一言不发,故意说:"包大人,既然他们不说,你就用

刑吧!"

包拯把手一摆说:"不。偷蛋的,你不招认,我自有办法。来人啊,给我端碗清水和一只空盘子来。"随从答应着去办了。

王延龄看到这里,心里乐了,包拯果然名不虚传,审理案子能够动脑子,不屈打成招。

不一会儿,随从把一碗水和一只盘子拿来了。包拯叫随从把盘子放在屋中间。然后说:"每人喝口水,在嘴里漱一漱后吐到盘子里,不准把水咽下肚。"

头一个人喝口水,漱漱吐到盘子里。第二个人也如此做。轮到第三人,正是秋菊,她拒绝喝水漱嘴,包拯离了座位,指着她说:"鸡蛋就是你偷吃的!"

秋菊顿时脸红到脖子根,低头搓弄着衣角。王延龄忙说:"包大人,你断定是她偷吃的,道理何在呢?"

于是,包拯解析一番,一席话说得太师点头称是。

接着,包拯严肃地说:"秋菊只是被人捉弄,主犯不是她。"

王延龄一惊,想不到包拯这么年轻,遇事想得这么周全,便故意问他:"包大人,那主使她的人又是谁呢?"

包拯看着王延龄,认真地说:"此人就是太、师、你。"

王延龄笑着连连点头,转脸对众人说:"这事正是我要秋菊做的,为的是试试包大人怎样断案。包大人料事如神,真是有才有智。你们回去,各干各的吧。"

为什么包公断定是秋菊偷吃的呢?

刚吃过鸡蛋,一定有蛋黄渣塞在牙缝里,用清水漱嘴再吐出来,根据水里有无蛋黄渣来判断,秋菊不敢漱嘴,那一定是她偷吃的。

假钞案

一天,雯雯妈妈来到丫丫童鞋店里要给雯雯买一双鞋子。这双鞋子成本是 15 元,标价是 21 元。雯雯妈妈掏出 50 元要买这双鞋子。丫丫童鞋店的店主当时没有零钱,用那 50 元向街坊换了 50 元的零钱,找给雯雯妈妈 29 元。但是街坊后来发现那 50 元是假钞(雯雯妈妈到最后也不知道是假钞)。丫丫童鞋店无奈之下,还了街坊 50 元。

丫丫童鞋店老板,挠挠头想:在这次交易中,我到底损失了多少钱呢?你给他的思维引引路吧!

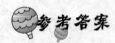**参考答案**

总共损失了 94 元。

从故事结束时起步,利用字数逐渐删减法,使题目简化。

店主已归还所借 50 元给街坊,双方债务了清了,谁都不欠谁的了。

因此题目中"丫丫童鞋店当时没有零钱,用那 50 元向街坊换了 50 元的零钱",以及"丫丫童鞋店无奈之下,还了街坊 50 元。"这两句话可以删除。理清思路后,你会发现,这两句话是为了迷惑你的,故意让大家把问题想得复杂一些。

这样就把题目给简化了:

一天,雯雯妈妈来到丫丫童鞋店里要给雯雯了买一双鞋子。这双鞋子成本是 15 元,标价是 21 元。雯雯妈妈掏出 50 元要买这双鞋子。店主找给雯雯妈妈 29 元。后来发现那 50 元是假钞。现在问题是:丫丫童鞋店在这次交易中到底损失了多少钱?

事件中,店主给予了雯雯妈妈一双价值 15 元的鞋子和找给雯雯妈妈

的29元,一共是44元,从而获得了无任何价值的50元假钞,无奈还了街坊50元。因此店主损失94元。

是人还是鬼

人和吸血鬼由于迷路,都来到了一个岛上,这个岛名叫"说谎岛"。一年之后,这里发生了一场大瘟疫,使得许多的人和吸血鬼都生了狂病,在精神上发生了错乱。在这个岛上就存在4种情形的人:神志清醒的人、精神错乱的人、神志清醒的吸血鬼、精神错乱的吸血鬼。

外表上,他们和原来没什么大的差别。但是有一特点,就是凡神志清醒的人都说真话,一旦精神错乱了,他也就只会说假话了。

吸血鬼同人恰好相反,凡是神志清醒的吸血鬼都是说假话的,但是,他们一旦精神错乱,反倒说起真话来了。

这4种情形人,讲话都很简洁,对任何问题他们只回答两个词:"是"或"不是"。

有一天,有位"精神医生"来到这个岛上。他遇见了一个居民乔。"精神医生"很想知道乔是居于四类居民中的哪一类。于是,他就向乔提出一个问题。他根据乔的回答,立即就推定乔是人还是吸血鬼。后来,他又提出了一个问题,又推定出乔是神志清醒的,还是精神错乱的。

"精神医生"先后提的是哪两个问题呢?

参考答案

这个"精神医生"提的第一个问题是:"神志清醒吗?"第二个问题是:"你是人吗?"

根据对第一个问题的回答,这位"精神医生"可以推定乔是人还是吸血鬼。因为神志清醒的人总是说真话的,因此,他对"神志清醒吗?"的回答,必然说"是",而精神错乱的人总是说假话的,他也会回答说"是"。

吸血鬼对这个问题的回答恰恰相反,神志清醒的吸血鬼因为是说假话,所以他回答"不是"。精神错乱的吸血鬼说真话,所以他也回答"不是"。

于是,"精神医生"就这样推定:只要乔回答"是",那证明他就是人;只要乔回答"不是",那就证明他就是吸血鬼。

从乔某对第二个问题的回答中,这位"精神医生"可以推定他是神志清醒的,还是精神错乱的。因为凡是神志清醒的人,他在回答"你是人吗?"这一问题时,肯定回答"是"的。

但对精神错乱的人来说,他一定回答"不是",因为他总说假话。相反,神志清醒的吸血鬼,他会回答"是"的,而精神错乱的吸血鬼却会回答"不是"。

于是,"精神医生"又可以这样来推定:要是乔回答"是"时,他就是神志清醒的,要是乔回答"不是"时,他必然是精神错乱的。

这下你明白其中的道理了吧!

思维小故事

拿破仑智破盗窃案

在滑铁卢大败之后,拿破仑被流放到大西洋南部的圣赫勒拿岛,过着软禁的生活,身边只有一个叫桑梯尼的仆人。

一天,他派桑梯尼去找岛上的罗埃长官,转达他希望有个医生的要求。到中午桑梯尼还没有回来,却从长官部来了一个青年军官,通知拿破

仑说："你的仆人因有盗窃的嫌疑，已经被逮捕了。"

拿破仑赶到长官部，罗埃向他讲了事情的经过："桑梯尼来这里的时候，我正在处理岛民交来的金币，就叫秘书让他去左边房间等一等。后来，我将金币放在这张桌子的抽屉里，锁上之后去厕所了。由于我的疏忽，抽屉上的钥匙被遗忘在桌子上。过了两三分钟，我回来了，把放在桌子抽屉里的金币数了一遍，却少了 10 枚。在这段时间里，桑梯尼就在左边房间里等着，桌子上又有我忘带的抽屉钥匙，不是他偷的还有谁呢？因此，我就命令秘书把他抓了起来。"

"但是，你应该知道，左边的门是上了锁的，桑梯尼无论如何也进不来。"

"他一定是先走到走廊，再从正中的那扇门进来的。"

"你不是说只离开两三分钟吗？桑梯尼在隔壁根本不可能看到你把

金币放在抽屉里,也不会知道你把抽屉钥匙忘在桌子上。你离开的时间又那么短,他怎么可能偷走金币呢?"拿破仑反驳罗埃长官。

"他准是透过毛玻璃看到了一切。"

拿破仑没有说话,而是向房间左边的门走去,他将脸贴近毛玻璃往左边房间仔细地看去,只隐隐约约地看见一些靠近门的东西,稍远一点就看不清了。他又走到左右两扇门前,用手指摸摸门上的毛玻璃,发现这两块毛玻璃的质地完全一样,一面光滑,一面不光滑,只是左边房门上毛玻璃不光滑的面在长官室的外边,而右边房门上毛玻璃的光滑面在长官室这一边。右边房间是秘书室。拿破仑转过身来,指着门上的毛玻璃对罗埃说道:"你过来看一看,从这块毛玻璃上桑梯尼不可能看到你所做的一切。应当受到怀疑的是你的秘书。"罗埃叫来秘书质问,金币果然是他偷的。

拿破仑推断的根据是什么呢?

参考答案

秘书利用毛玻璃的特性偷走了金币,毛玻璃不光滑的一面只要加点水或唾液就会变成平面,透明得能看到罗埃在房中所做的一切。

比赛名次

每年一次的马拉松比赛开始了,下面请你当裁判,找出最先完成马拉松比赛的前8位运动员的名字和名次:珍位列第四,在约翰后面,但跑在乔治之前;乔治的名次在李安后面,但他跑在峰前面;约翰的名次在琼后面,但跑在汤姆之前;安妮比汤姆落后两个名次;李安的成绩是第六名。

你能排出第一名到最后一名的顺序吗?

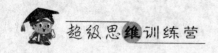

第一名到最后一名的顺序是：琼，约翰，汤姆，珍，安妮，李安，乔治，峰。

题目中已经很明确地告诉我们：珍是第四，李安是第六，这两个人很容易就确定了他们的位置。我们可以这么排下（　）、（　）、（　）、珍、（　）、李安、（　）、（　）。

根据"乔治的名次在李安后面，但他跑在峰前面"这句话，因为一共就8名运动员，李安的后面只有两名运动员，我们不难知道第七名是乔治，第八名是峰。这下我们就可以这么写了：（　）、（　）、（　）、珍、（　）、李安、乔治、峰。

同样"珍在约翰后面"我们可以知道约翰可能是第一名到第三名之间的一位，再考虑到"约翰的名次在琼后面，但跑在汤姆之前"，证明约翰不是第一名，只能是第二名了，所以第一名到第三名的名单也不难得到了：琼、约翰、汤姆。

最后一个第五名的名次肯定就是留给安妮了，正好剩下的一个条件是"安妮比汤姆落后两个名次"也证明了这一点。

所以大家不要被题目迷惑，不要看到这么多条件就无从下手，把条件一个一个地列清楚后，你就会发现答案就在条件中。

日期的疑问

2011年10月5日，重阳节，星期三。这天明明带着爷爷去登山，一路上很是高兴。

突然爷爷问明明说："明明，今天是星期三，你猜猜从今天算起，第

110 天是星期几呢?"

明明,掰着手指算了半天,把自己都搞乱了。你知道吗?

参考答案

星期日。

我们不能像明明那样的一天一天地数,到第 110 天看它是星期几。我们都知道每周都有 7 天,所以我们用 110÷7=15 余 5。这个意思就是第 110 天是 7 周后的第五天,这样,从今天起数到第 5 天,很容易地就知道了是星期日。

还有一个问题需要问你:从周三开始数到第 7 天是星期几? 哈哈,对了,是星期二。这样的话你会知道为什么从周三数第 5 天是星期日了吧?

学会了这种方法,是不是问你再大的数字之后的星期几,你都不在话下了呢?

思维小故事

找到了6位数

德国女间谍玛塔·哈莉以"舞蹈明星"的身份出现在巴黎,任务是刺探法国军情。

在她结交的军政要人中,有一位名叫莫尔根的将军,原已退役,因战争需要又被召回到陆军部担任要职。将军最近因老伴去世,颇感寂寞,对哈莉追求得也很急切。

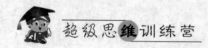

不久,哈莉弄清了将军把机密文件全放在书房的秘密金库里。但这秘密金库的锁用的是拨号盘,必须拨对了号码,金库的门才能开启,而这号码又是绝密的,只有将军一个人知道。

哈莉想:"莫尔根年纪大了,事情又多,近来又特别健忘。因此秘密金库的拨号盘号码,肯定是记在笔记本或其他什么地方,而这个地方绝不会很难找、很难记。"因此,每当莫尔根将军睡熟后,她就检查将军口袋里的笔记本和抽屉里的东西,但是都找不到什么号码。

一天夜晚,哈莉用放有安眠药的酒灌醉了莫尔根将军,然后蹑手蹑脚地走进书房。这时已是深夜 2 点多钟。

秘密金库的门就嵌在一幅油画后面的墙壁上,拨号盘号码是 6 位数。

哈莉从 1 到 9 逐一通过组合来转动拨号盘,但都没有成功。眼看天将透亮,女佣就要进来收拾书房了,哈莉感到有些失望。

"看来成功的希望是不大了!"哈莉自言自语地说。

忽然,墙上的挂钟引起了哈莉的注意。

哈莉发现来到书房的时间是深夜2时,但是挂钟上的指针却停留在9时35分15秒。这很可能就是拨号盘上的号码,否则挂钟为什么不走呢?

哈莉一下子兴奋起来,但又想到9时35分15秒转换为数字应为93515,这只有5位数,与6位数的密码差1位数字,这究竟是怎么一回事呢?

哈莉进一步思索,终于找到了6位数,完成了刺探情报的任务。

你知道哈莉是怎样找到的吗?

参考答案

哈莉想,如果把它换算为21时35分15秒,就正好变成了6位数字,"213515"。

混乱的期末考试

赵鹏在一所私立学校就读。这个学校每月都会举办一次月考。这可愁坏了赵鹏。他在校考试成绩排名为:第一次月考排在第122名,第二次月考排在第68名,第三次月考排在第130名。现在学校要调整班级,将总成绩排名作为分班的依据,将100名内的学生安排在一个班级。你说赵鹏他有可能进入此班级吗?(每个人的排名都是波动的)

参考答案

赵鹏能进入。

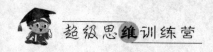

我们假设,赵鹏所在学校这一学年总共有 X 名学生。第一次月考,赵鹏后面有 X－122 人。第二次月考,他后面有 X－68 人。第三次月考,他后面有 X－130 人。

现在,我们把赵鹏的三次的考试相加:(X－122)＋(X－68)＋(X－130)＝3X－320。从赵鹏同学的成绩来看,仅以他成绩中最差的那次来看(第三次月考排第 130 名),我们可以得出:赵鹏所在学校最少有 130 人。这样的话赵鹏三次的总成绩应该在:3X－320＝3×130－320＝390－320＝70 名。

也就是说,平均 3 次考试的成绩,在他后面有 70 人,他排在正数第 69 名。按题目的要求,总成绩排名在 100 名内的学生被安排在一个班级,赵鹏进入了前 100 名,所以赵鹏能进 100 名内的那个班级。

导演姓什么

令人振奋的"百花奖"评选终于结束了。授奖大会之后,丁电影制片厂宴请获奖的 3 部片子的导演,向他们表示祝贺。甲电影制片厂拍摄的《黄河,中华民族的摇篮》获得最佳故事片奖,乙电影制片厂拍摄的《孙悟空和小猴子》获得最佳美术片奖,丙电影制片厂拍摄的《白娘子》获得最佳戏曲片奖。

宴席上,大家谈笑风生。甲厂的导演说:"真的太凑巧了,我们 3 位的姓分别是 3 部片子的片名的首字,更有意思的是,我们 3 人中每个人的姓,跟我们自己所拍片子的片名首字还不一样!"

顿时掌声响起,另一个姓孙的导演笑起来说:"妙哉!确实如此!"

你能猜到这三部片子的导演各姓什么吗?

甲厂导演姓白,乙厂导演姓黄,丙厂导演姓孙。

好了,咱们也为他们高兴吧,再来分析他们的有趣的巧合吧!《黄河,中华民族的摇篮》的导演不能姓黄,所以他或者姓孙、或者姓白;而姓孙的导演曾同他对过话,可见他不姓孙。《黄河,中华民族的摇篮》的导演只能是姓白了。

那么其他的呢?我们继续看题目给的条件:《孙悟空和小猴子》的导演不能姓孙,只能姓黄,或者姓白,刚才我们已经推出《黄河,中华民族的摇篮》的导演是姓白的了,那么《孙悟空和小猴子》的导演只能姓黄了。最后,《白娘子》的导演只能姓孙了。

听着有点绕,其实并不难,是很好推断出来的。只要不漏掉"另一个姓孙的导演笑起来说"这个关键的条件。所以今后,别人让你猜谜的时候,注意把他的每句话都要分析到哦!

思维小故事

银行抢劫案

神探博士正在飞往科罗拉多的飞机上。他要去看望自己的叔叔。这时坐在他旁边的佩蒂小姐开始与他攀谈起来。当知道博士是位侦探时,她开始讲述自己遇到的故事。

"我出来度假是因为经过那次抢劫案之后我一直感到不安。"佩蒂小

姐说。

"哦？是吗，跟我说说看。"博士回答。

"那天我是银行唯一当班的出纳员。当劫案发生时银行里刚好停电。我看到一个男的走到我的窗口前，递给我一个纸条，上面写着'快把钱交出来'，而且他还拿着一把枪。我悄悄地踩下了静音警报装置，但由于停电，警报器并没有工作。然后那个男的拿到钱就跑掉了。"

"他们抓到那个劫犯了吗？"博士问。

"没有，他跑掉了。不过他们还是通过银行的监视系统查到了劫犯的影像，可惜摄像头只拍到了我的背影和他的头顶，甚至连我交给他钱的过程都没拍到。但是即便如此我也能从录像带中辨认出就是那个劫犯。"

"你以前是否曾见过那个劫犯呢?"博士接着问道。

"这怎么可能? 我当然没见过他,不过我的确能给你描述一下。"佩蒂小姐说。

"我猜那个人跟你一样高,与你的身材体重一致,而且头发和眼睛的颜色也都和你一模一样,对吗?"博士最后反问道。

为什么博士怀疑佩蒂小姐?

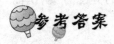

参考答案

她说由于停电警报器无法工作,但又说到摄像头在工作。

海盗分金子

今天轮船上上演了这样的一幕:5 名海盗满脸狰狞地抢得了 100 块金子,聚在一起正打算分赃呢。海盗们有他们自己特有的分配方式。

他们的惯用的做法是:最厉害的一名海盗是老大,他提出分配方案,然后所有的海盗按照他提出的方案进行表决。

如果赞同此方案海盗的人数达到 50% 或以上,此方案就获得通过,大家分配战利品就必须依据这一方案。如果赞同此方案海盗的人数达不到 50%,那就惨了,提出方案的海盗会被大家扔到大海里,清出海盗的行列。然后下一名最厉害的海盗再次重复同样的过程。

海盗就是海盗啊,所有的海盗都很喜欢看到他们的一位成员被扔进海里。但是,如果让他们选择的话,他们还是很希望得到一笔金钱的,都不愿意大家把自己扔到海里。这些海盗都是很理性的,不可能存在感情用事的。

在海盗的行列之中,存在森严的等级制度。也不会存在两名海盗是同等厉害来抗衡的——他们都会完全按照由上到下的等级排座的,海盗们的心中除去抢钱和分钱之外就是牢牢地记住自己所处的等级地位和其他海盗的等级层次。这些金块不能再分,也不允许几名海盗共有金块,因为任何海盗都不相信他的同伙会遵守关于共享金块的安排。海盗就是海盗,他们心中只会考虑的人是自己,每人都只为自己打算,在这点上他们是很精明的。

你能猜到这位最厉害的海盗老大提出了一个怎样的分配方案,从而使他自己获得最多的金子的数量吗?

参考答案

这位老大的分配方案应该是:98 块金子归自己,1 块金子给 3 号,1块金子给 1 号。

你有思路了吗?我提示你:我们可以首先将这群狰狞的海盗,按照他们的厉害程度进行分类,好了,咱们给他们编上号。我们倒着来编号吧。

最不厉害的海盗——1 号海盗,次之的海盗——2 号海盗,如此类推,这样最厉害的海盗的编号,数字是最大的。

但是你要想清楚的一点是,提出方案的顺序,需要将这编号的顺序倒过来——从大的数字至小数字来进行。

你发现了吗?这题的奥妙,就在于应当从结尾出发,往回去推导。在推导之后,我们就会很容易地发现何种决策更对自己有利,何种决策对自己是最不利的。同样的,我们就可以把它用在倒数第 2 次的决策上,依此类推。

不要从开头出发进行分析的,原因在于,所有的战略决策都是要确定:"如果我这样做,那么下一个人会怎样做?"所以,在你以下海盗所做的决定对你来说是重要的,而在你之前的海盗所做的决定并不重要,因为你对之前的决定是无能为力的。

记住了吗？好，我们的思维出发点定在，排除到最后只剩两名海盗的时候，就剩下了海盗1号和海盗2号。

我们按照上面的方法，知道最厉害的海盗是2号，而他的最佳分配方案就明确了：100块金子全归他一人所有，剩下的1号海盗一分也得不到。原因是他自己肯定为这个方案投赞成票，这样就占了总数的50%，因此方案获得通过。

好的，我们现在加上3号海盗。1号海盗知道，如果3号的方案被否决，那么最后将只剩2个海盗，而1号将肯定一无所获——此外，3号也明白1号了解这一形势。

这样，只要3号的分配方案给1号一点儿甜头，哪怕让这位不至于空手而归，那么不论3号提出什么样的分配方案，1号都将投赞成票。因此3号需要分出尽可能少的一点金子来贿赂1号海盗，这样就得出了下面的分配方案：3号海盗分得99块金子，2号海盗一块没有，1号海盗得1块金子。

4号海盗的策略也差不多。他需要有50%的支持票，因此同3号一样也需再找一人做同党。他可以给同党的最低贿赂——1块金子，而他可以用这块金子来收买2号海盗。因为如果4号被否决，那么3号的决策就会被通过，则2号将一文不名。所以，4号的分配方案应是：99块金子归自己，3号一块也得不到，2号得1块金子，1号也是一块金子都没有。

5号海盗的策略稍有不同了。他需要收买另两名海盗，因此至少需要用2块金子来贿赂，才能使自己的方案被采纳。所以这位老大的分配方案应该是：98块金子归自己，1块金子给3号，1块金子给1号。

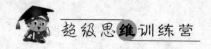

思维小故事

来到船上

因展示太空巡洋舰的第 5 系列《科学幻想》电视节目的需要，5 位新演员加入到常规演员阵容中，饰演要继续探险之旅的自由号恒星飞船的船员。从以下给出的线索中，你能说出他们的名字、种族和饰演的角色吗？

现在已知线索是：

（1）自由号上新来的堪兹克船员（当然是指来自堪兹克星球的）不叫爱利安德。

（2）角色中植物学家的名字比由迈克·诺勃饰演的那个来自切斯安星球的切斯安人的名字多两个字母。

（3）罗斯·斯班恩的角色的名字比航海家的名字短。

（4）维达·怀亚特演的不是来自厄来文星球的厄来文人。那个厄来文人不叫瓦勒姆。

（5）亚当·彼艾尔的角色是自由号上的首席内科医生。罗斯·斯班恩演的是来自赫斯克星球的赫斯克人。

（6）盖尔·赫冈饰演的是罗培尔。剧中船上新来的保安人员叫伊克沧雷。

参考答案

植物学家的名字不是艾皂斯或罗培尔（线索2）；伊克沧雷是保安人员（线索6）；植物学家也不可能是瓦勒姆，因为根据线索2，若植物学家是瓦勒姆，迈克·诺勃饰演的便是罗培尔，但罗培尔是盖尔·赫冈的角色（线索6），所以，植物学家名叫爱利安德，而迈克·诺勃的切斯安人角色（线索2）叫伊克沧雷，是保安人员。从线索3得出，航海家的名字比罗斯·斯班恩饰演的角色的名字长，所以，罗斯·斯班恩不可能饰演爱利安德，同时，因为已知爱利安德是植物学家，因此，罗斯·斯班恩也不可能演瓦勒姆，所以，罗斯·斯班恩演的赫斯克人（线索5）是艾皂斯。现在已知3个演员的角色；因为爱利安德是植物学家，所以由亚当·彼艾尔演的内科医生（线索5）一定是瓦勒姆。航海家不可能是艾皂斯（线索3），所以是由盖尔·赫冈演的罗培尔（线索6），综上所述，罗斯·斯班恩演的角色艾皂斯是个工程师，而维达·怀亚特演的是植物学家爱利安德。线索4

告诉我们,那个厄来文人不是爱利安德或瓦勒姆,所以是盖尔·赫冈演的罗培尔。最后,那个堪兹克人的角色不是爱利安德(线索 1),所以一定是亚当·彼艾尔演的内科医生瓦勒姆,剩下维达·怀亚特饰演来自李尔非星球的李尔非人。

因此得出答案:

亚当·彼艾尔,堪兹克人,内科医生,瓦勒姆。

盖尔·赫冈,厄来文人,航海家,罗培尔。

迈克·诺勃,切斯安人,保安人员,伊克沧雷。

罗斯·斯班恩,赫斯克人,工程师,艾皂斯。

维达·怀亚特,李尔非人,植物学家,爱利安德。

山羊的决斗

你见过山羊之间的争斗吗?有一次,以放牧为生的山姆,目击了这样的两只山羊的一场殊死决斗。山姆家的一位邻居有一只山羊,重 54 磅,这只山羊可是有年头儿了,最近的几个季度都是在附近山区称王称霸,别的山羊都顶不过它。后来有人从山外引进了一只新品种的山羊,在体重上比这只称霸的山羊还要重出 3 磅。开始时,它们井水不犯河水,彼此和谐相处。

可是有一天,引进的那只山羊站在陡峭的山顶上,向它的竞争对手猛扑过去,那对手站在土丘上迎接挑战,而挑战者显然拥有居高临下的优势。不幸的是,由于猛烈碰撞,两只山羊都脑壳崩裂,死了。

山姆觉得很是蹊跷,太奇妙了。他饲养山羊多年,他说道:"通过反复实验,我发现,动量相当于一个自 20 英尺高处坠落下来的 30 磅重物的一次撞击,正好可以打碎山羊的脑壳,致其毙命。"

如果山姆说得不错,这两只山羊至少要有多大的逼近速度,才能相互撞破脑壳,你能算出来吗?

提示:1 英尺(ft) = 0.3048 米(m);1 磅(lb) = 0.454 千克(kg)

参考答案

通过实验后,得出撞破脑壳所需要的机械能为 $mgh = (30 \times 0.454) \times 9.8 \times (20 \times 0.3048) = 813.669(J)$。对于两只山羊撞击瞬间来说,比较重的那只仅仅是站在原地,只有新品种山羊具有速度,而故事中给我们的提示为——两只羊,仅一次碰撞就毙命。

这样,我们只需要求出碰撞瞬间,新品种山羊的瞬时速度就可以了。根据机械能守恒定律:$mgh = 1/2(m_1 v^2)$,可以得出速度。这"m_1"是新品种山羊的重量。你算出来了吗?

第三章　奇思妙想

卖西瓜

老王卖瓜自卖自夸！老王卖西瓜，第一天卖了西瓜的一半又半个。

第二天，老王又卖了余下的西瓜的一半又半个。

第三天，老王又卖了余下的一半又半个。

第四天，老王又卖了余下的一半又半个。最后老王只剩下1个西瓜了，正好留着自己回家吃。

请你分析一下老王到底有多少个西瓜？

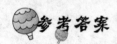参考答案

31个。

倒推的方法：根据老王最后只剩下一个西瓜了，也就是第四天的剩余的是1。那么第三天的时候是多少呢？接着往前推吧，题目中写着"第四天卖了余下的一半又半个"，我们看看第三天剩余的个数为：$(1+0.5)×2=3$；

同样的方法，继续推导第二天剩余的个数是：$(3+0.5)×2=7$；

好，现在推导第一天剩余的个数就应该为：$(7+0.5)×2=15$；

老王有的西瓜数是：$(15+0.5)×2=31$。

这种数学方法，从最后一天开始算，按题目给出的条件，把每一天卖之前的西瓜数算出来，这么连续倒推4天，结果也就出来了。

倒推这个思考方法，需要思路清晰，前后的关系一定要搞明白，计算起来就比较方便了。

宋慈的推断

早在1238年，宋慈到福建剑州担任通判，在知府下掌管粮运、家田、水利和诉讼等事项。

有一天，子夜时分，城外突然大火冲天，宋慈连忙带着衙役来到了现场。看到了一家与邻人相连的茅草屋，正熊熊地燃烧着，又见数人从火光中抬出一具烧焦的尸体。

"大家谁知起火的原因啊？"宋慈问百姓。

"应该不是故意的，失火。"有人答道。

"这被烧焦的是怎样一个人？"宋慈又问。

"是个泥匠。他家很穷的，半个月前，老婆和孩子都被饿死了。起火原因，可能是泥匠感觉没活路了，自寻短见吧？"一位老人答道。

宋慈随即就让一起来的人员，进行验尸。验尸人员撬开焦尸的嘴巴，宋慈靠近仔细观察，奇怪了，发现死者的口、鼻、咽喉部位没有一点灰尘，便问抬尸体的乡民："你们抬出来前，尸体倒向何处？"

乡民答道："尸体就在门边，头向里，脚朝外。"

宋慈捻了捻胡须，全明白了，他告诉众乡民说："泥匠不是失火烧死的，也不是自寻短见的，而是被人谋杀的。起火原因，一定是凶犯为了焚尸灭迹，毁灭罪证。"乡民你看看我，我看看你，不能理解。但是，后来经过进一步的调查，证实了宋慈的推断是正确的。

你知道聪明的宋慈是怎样推断出来的吗？

宋慈这是根据多年当法官的经验和现场调查得出的结果。

第一个推断：当他发现死者口、鼻、咽喉部位没有灰尘时，马上做出了推断：如果活人被火烧，必定狂呼乱叫。就是自己放火，人的本能也要呼吸，那么口、鼻、咽喉部位必会呛入灰尘；可是这具焦尸的上述部位没有一点灰尘，由此可知一定是先被人杀死后焚尸灭迹。

第二个推断：根据乡民描述的尸体倒向情况，做出了推断：如果活人被火烧，肯定会向外奔跑，死的时候必然是头向外，脚朝内才符合常理，但这具尸体的位置却是头向里，脚朝外，正好与常理相反。这就可知死者是被人杀死后推入火中的。

思维小故事

拼图游戏

查姆斯夫人和她的儿子勒罗正在向博士讲述家里发生的盗窃案。

"案发时勒罗和我正在听音乐会。"查姆斯夫人说。

"你们离开时家里有其他人在吗？"博士问。

"没有，我们家的女仆玛丽做完晚餐后很快就走了。勒罗早就准备好出发了，他当时正在厨房的桌子上玩拼图游戏，而且还有一片就大功告成了，可是却怎么也找不到最后一片在哪里，然后我们只好匆匆离开了。"

"那么你们回家后发现了什么？"

"我们一回家就发现门是开着的,进来以后发现丢失了很多东西,有音响、电视、计算机……我还没仔细看是否还有其他东西也被偷了。"查姆斯夫人焦急地说。

"你能跟我讲讲当时的情况,勒罗?"博士又转向查姆斯夫人的儿子。

"嗯,我记得走的时候门肯定锁了,虽然我们走得很匆忙,但我肯定把门锁上了。"勒罗这样说道。

过了一会儿,博士又询问了家里的女仆玛丽。

"玛丽,你是什么时候离开查姆斯夫人家的?"博士问。

"我清洗完餐具,然后又打扫了厨房,然后就离开了。我记得我还找到了勒罗拼图里丢失的最后一片,并把它放进了拼图。检查完餐桌后我就走了。"玛丽回答。

"这么说你是在查姆斯夫人和勒罗去音乐会之前就离开了,是吗?"

"对，我走时他们正要上楼准备更衣出发。"玛丽补充道。

"好了，我可以肯定你也参与了入室盗窃的过程，玛丽。你还是来说说是怎么把窃贼带进房间的吧。"博士微微一笑，打断了她。

为什么博士怀疑玛丽？

玛丽一定是在查姆斯夫人和她的儿子勒罗离开之后找到最后一片拼图的。勒罗早就准备好出发了，没完成游戏就直接走了。因此玛丽一定是在和窃贼返回房间时找到拼图的。

制造"时间差"

甲、乙两家自驾车去度假，他们分别以 36 千米/时和 15 米/秒的速度，同时从 A 地朝着 B 地开，乙到 B 地 5 分钟后，甲驾车才到达 B 地。

你知道 AB 两地间的距离是多少吗？

AB 两地之间的距离是 9000 米。

我们这里用个词——"时间差"。这里的时间差就是上面说的时间，既不是甲到达所用的时间，也不是乙到达所用的时间，而是甲、乙到达后所用的时间差。

关键的"5 分钟"。既不是甲驾车从 A 地到 B 地所用的时间，也不是乙驾车从 A 地到 B 地所用的时间。这 5 分钟就是甲、乙两车从 A 地到 B 地所用的时间差。

比如我们假设两地之间的距离为 s，甲驾车从 A 地到 B 地所用的时间为 t，乙驾车从 A 地到 B 地所用的时间为"$t-5$"。

已知：甲驾车的速度：36 千米/时 ＝ 10 米/秒，乙驾车的速度：15 米/秒，$\Delta t = 5 \times 60 = 300$ 秒。求：$\Delta s = \Delta v \times \Delta t = (15-10) \times 300 = 1500$ 米，也就是甲驾车在这 5 分钟时间差的时间里走的路程。甲车和乙车的速度比为 2：3，这就意味着，从 A 地到 B 地甲车与乙车所有的时间比为 3：2，因此乙驾车到达 B 地时，甲车所在的位置距 B 地是全程的 1/6。这样，就很容易知道了两点的距离：$s = \Delta s \times 6 = 9000$ 米。

爱迪生的换位

爱迪生的一位朋友看他太忙碌了，对他说："我给你介绍一位助手吧，那个小伙子还是挺伶俐的。"

爱迪生说："太感谢了。"助手来了，爱迪生瞧那年轻人说话干脆利索，知识也挺扎实，他想：嗯，这个年轻人还差不多。

可是，不久，爱迪生就把那位助手解雇了。

他的朋友莫名其妙，跑来向他询问原因。爱迪生叹惜道："他只有知识和习惯，没有我要的那种……换位思维。"

"换位？"朋友差点儿被气晕了。

爱迪生说："是的，我给你讲了这个故事你就知道怎么回事了。"

朋友很生气，但坚持听他讲完。

爱迪生讲道："从前有一个国王，他认为自己老了，天天考虑儿子继承王位的事。他有两个儿子，让谁来继承好呢？国王想出了一个简单的问题，想考考两个儿子，看哪一个比较聪明，因为只有够聪明，才能托付给他王位，才能治理好国家。一天，他把两个儿子叫到跟前，对他们说：'孩子们，我想给你们两匹马，一匹是黄骠马，这匹马属于老大；另一匹是青骢

碰碰车

— 57 —

马,这一匹属于老二。让你们驱马到 10 里外的清泉边饮水,谁的马走得慢,谁就是优胜者。'哥哥想,既然慢者为胜,那就骑上马慢慢地走,或者再睡个觉,洗个澡,还是让老二先骑马走吧。他这么想着,动作慢条斯理的,一点也不着急,他是想用拖时间的办法来取得冠军。但是那个弟弟却不是这样子的,当国王吩咐完毕,他就首先上马,飞奔而去,不一会儿,到了目的地,把马牵到池里饮水。国王高兴极了,他觉得二儿子思维敏捷,至少在思维上与众不同,就这样将王位让给了他。"

那位朋友听了故事后说:"啊?这是怎么可能的事!"

参考答案

国王的要求是谁的马走得慢,谁是优胜者。这里说的是马先到,而不是人先到。所以弟弟抢先跳上的不是自己的青骢马,而是哥哥的黄骠马,哥哥的黄骠马先到,当然是哥哥输了,弟弟取得了慢跑的优胜。爱迪生的"换位思维"实则是变通求异思维。

爱迪生认为,换位思维,就是设身处地将自己摆放在对方的位置,用另一种思路解决问题的思维方式。聪明的你是不是也会运用这样的换位思维了呢?

思维小故事

来者不善

神探杰弗里·林恩博士来到一扇很大的橡木门前并按响了门铃,透过门上刻有精美图案的玻璃,他看到房屋的主人古力勃先生正出来迎接他。

"我是杰弗里·林恩博士。听说你家被抢劫了,是你打的电话吧?"博士说。

"是啊,博士,非常感谢您这么快就赶到了。"

"告诉我事情的经过是怎样的,古力勃先生。"

"好的。我们的管家吉尔曼听到了门铃声去开门,没想到刚把门打开,外面就有个家伙冲进来把他打翻在地,然后对方掏出枪逼迫吉尔曼说出我妻子存放珠宝的地方。抢到珠宝和其他几件值钱的物品后,他就把吉尔曼击倒在地,然后逃之夭夭。"

"吉尔曼现在在哪儿?"博士问。

"他正在楼上躺着休息。"古力勃先生回答。

"他有没有告诉你劫匪的相貌?"博士又问。

"没有,他说劫匪戴着面具,因此没法看请对方的脸。"

"啊,原来是这样。古力勃先生,难道你不认为应该逮捕的是吉尔曼吗?"博士微笑着说。

为什么应该逮捕吉尔曼?

参考答案

很明显是吉尔曼放盗贼入室抢劫的,因为对方戴着面具,通过玻璃门可以清楚地看到。

包公审石头

1023—1063 年,宋仁宗在位期间,有个小孩的爸爸去世了,妈妈后来病了,日子越过越艰难。小孩承担起养家的重任,每天一大早,提着一篮油条,到街上叫卖:"卖油条喽,卖油条喽,快来吃啊,又香又脆的油条,一根才卖俩铜钱。"

每天都这样坚持着,孩子太累了! 一天,他把油条全卖完了,走了半天太累了,就坐在路边一块石头上,把篮子里的铜钱一个一个地数了一遍,正好 100 个。由于卖油条,一双小手弄得油乎乎的,数过的这些铜钱,也被摆弄得油乎乎的。盯着这些油乎乎亮闪闪的铜钱,心里别提多高兴了:"上苍保佑啊,这 100 个钱,可以给妈妈买药了,妈妈会很快好起来的。"

小孩闭眼默默地祈祷着,由于他太累了,头一歪,靠在石头上,就呼呼地睡着了。睡了好一会儿才醒来。"呀,晚了,我得赶快给妈妈买药去了。"小孩站起来一看……完了! 篮子里的铜钱一个也没有了。小孩又着急又伤心,呜呜地哭了起来。

这时候,正好包公带着人马路经此地。黑脸黑胡子的包公,人家叫他"包老黑",又叫他"黑包公"。别看他脸色黑,但是他办事公道。他的大脑可是聪明到了极点的。

包公看见小孩哭得如此伤心,很少见,就停下了问他:"小孩儿,你为什么哭得这般伤心啊?"

"我卖油条得的钱不见了,呜……呜。"

"谁偷了你的钱?"

"不知道。我靠在这块石头上睡着了,醒来一看,钱就不见了。呜……呜。"

包公想了一想说:"我知道了,你别哭了,一定是这块石头偷了你的钱!我来审问这块石头,叫它把钱还给你,好不好?"

"包公要审石头啦!"有人一嚷嚷,大家一听说包公要审问石头,觉得很奇怪,都跑来看热闹。

包公对那块石头说:"石头,石头,小孩的铜钱,是不是你偷的?"

石头会说话吗?不会。大家偷偷地乐了。

哪知包公又问了:"石头,石头,小孩的铜钱,是不是你偷的?快说,快说!"

石头还是一声不响,连3岁的娃娃都知道石头是不会说话的。

这时,包公发火了:"石头,石头,你不说实话,打烂你的头。"随从的手下一听包公这么一说,得了,赶紧拿起棍子吧,劈里啪啦地打起石头来,一边打,一边喊:"快说,快说!"

围观看热闹的人都哈哈大笑起来,唧唧喳喳地说:"今天聪明的包公这是怎么了?石头怎么会偷钱?开玩笑吧!"

"是啊,石头怎么会说话?连小孩子都知道是不可能的……"

"人家都说包公聪明,原来是个糊涂蛋!走吧,没看头。"

包公听了很生气,就说:"我在审问石头,你们怎么说我的坏话啊。哼!谁都不许走,你们每个人都得被罚一个铜钱!"

包公叫手下的人端来一只盆子,盛半盆水,让看热闹的人都往盆子里丢一个铜钱。看热闹的人心里这个气啊,但是没办法啊,只好排着队每人往盆子里丢一个铜钱,"扑通,扑通,扑通……"

有一个人刚把铜钱丢进盆子里去,包公说:"你们给我抓住他!"

手下把这人带到包公面前。包公指着这个人说:"是不是你偷了小孩卖油条得来的铜钱!"

大家本想走,一听这话又都围了上来,都觉得很奇怪,这是怎么回事呀?

包公给大家解释说:"大家看啊,只有他丢下的铜钱,水面上浮起了

一层油,他的铜钱一定是趁小孩睡觉的时候偷来的。"

那个小偷没办法,只好把100个铜钱还给小孩。

血型的奥秘

我相信你肯定知道人的血型分为:A型,B型,O型,AB型。还有,我们作为子女的血型是与我们爸爸妈妈血型间存在一定的关系的。

我来帮大家来列一个表:

爸爸妈妈的血型	子女可能的血型
O,O	O
O,A	A,O
O,B	B,O
O,AB	A,B
A,A	A,O
A,B	A,B,AB,O
A,AB	A,B,AB
B,B	B,O
B,AB	A,B,AB
AB,AB	A,B,AB

大家听好啊,现有3个分别身穿红、黄、蓝上衣的孩子,他们的血型依次为O、A、B。每个孩子的父母都戴着同颜色的帽子,颜色也分红、黄、蓝3种,依次表示所具有的血型为AB、A、O。

你能告诉大家:穿红、黄、蓝上衣的孩子,他们的父母各戴什么颜色的帽子吗?

参考答案

穿红、黄、蓝上衣的孩子,父母分别戴蓝、黄、红帽子。

大家要看清楚哦,"每个孩子的父母都戴着同颜色的帽子"这句话可是关键的话。

这话的意思是,每个孩子的父母是同血型的,因此父母均为 O 型的话,孩子必为 O 型;父母均为 A 型的话,孩子必 A 型,上面我们把父母都是 A 型血,孩子为 O 型的情况已被排除,前面 O 型孩子的父母已经确定为 O 型了;这样剩下的就是父母为 AB 型血,孩子为 B 型。

好了,我们接着判断:穿红颜色上衣的孩子是 O 型,O 型父母戴的帽子是蓝色的;穿黄颜色的上衣的孩子是 A 型,A 型父母戴的帽子是黄色的;B 型血孩子穿蓝色上衣,AB 型父母戴的帽子颜色是红色的。

很简单吧,分别穿红、黄、蓝上衣的孩子,父母分别戴蓝、黄、红帽子。

狐狸分肉

两只藏獒在路上捡到一大块肉,争得不可开交,差点就要撕咬起来。

一只狐狸看见了那块鲜肉,就开始转动脑筋,想把肉骗到自己手里,先吃个饱。

"你们不要为了一块肉而伤了和气嘛!"狐狸和善地劝解说。

狐狸眼珠一转说:"要不我帮你们分肉吧,保证你们两个人得到的肉大小相同。"

两只藏獒觉得狐狸的话公平、有道理,就高兴地答应了。

碰碰车

第一次分出来的肉,大小不均,狐狸连忙说:"瞧瞧,年纪大了,手容易抖,不中用了,对不起啊,这样吧……"说着它就在那大块肉上咬下一大块吃了。

一只藏獒抗议说:"那不行,这块又比那块小了呢!"

狐狸看了看说:"这还不好办吗!"狡猾的狐狸又在肉多的那块上啃下一大块。狐狸就这样在两只藏獒的抗议下,左肉上咬一块,右肉上咬一块,吃饱了肚子。这回抹抹嘴巴,把剩下的两块肉递给两只藏獒,说:"现在你俩都瞪眼看清楚了啊,可是一样大了啊,再不满意我可不给你们分了。拜拜喽!"

那两块肉这回可是真的大小相等了,但是只有拇指那样大小了。

思维小故事

拳击比赛

赞助人威利·斯路姆在接下来的 5 个月里将为 5 个最有前途的拳击手组织拳击赛。从以下给出的线索中,你能推断出每次拳击比赛举行的月份、比赛的重量级别和他们对手的名字吗?

现在已知线索是:

(1)勒克·杰雷乔兹,波兰的重量级拳击手,已经签约准备参加接在绍恩·杰伯的拳击比赛下面月份的比赛。

(2)次重量级拳击手比赛被安排在 12 月份。

(3)在利昂·堪维斯长长的拳击职业生涯里,已经击出了很多次胜利的一击,他将在里基·思科莱普后面参加决斗。

（4）弗兰克·摩勒是威利·斯路姆最有希望的中量级拳击手,他的对手不是恰克·塔维尔——一个既往记录不是最好的拳击手。

（5）迪安·克林瞿将在10月份上场。

（6）皮埃尔·萨斯格德是个法国籍的拳击手。他的拳击记录相当复杂。他将参加9月份的比赛,那不是一场次中量级拳击手比赛。

（7）艾伦·帕梅迩是次重量级拳击手。

参考答案

重量级拳击手勒克·杰雷乔兹不是在8月份比赛的(线索1),皮埃尔·萨斯格德参加9月份的比赛(线索6)。因为迪安·克林瞿是威利10月份的比赛者(线索5),杰雷乔兹的比赛不可能在11月(线索1),12月份举行的是次重量级的拳击手比赛(线索2),所以,综上所述,勒克·杰

雷乔兹是迪安·克林瞿10月份的比赛对手。所以根据线索1,绍恩·杰伯将在9月份与皮埃尔·萨斯格德比赛。已知,这不是次重量级或重量级的拳击手比赛,也不是次中量级的拳击手比赛(线索6)。威利的中量级拳击手是弗兰克·摩勒(线索4),所以,杰伯/萨斯格德的比赛是次轻量级的。根据线索3,利昂·堪维斯比可能签约8月或11月的比赛,同时我们已知9月和10月的比赛对手,所以,利昂·堪维斯是次重量级的拳击手,被安排在12月比赛。因此,再根据线索3得出,里基·思科莱普一定是威利11月份的比赛选手。弗兰克·摩勒的重量级别排除了他作为12月份比赛选手的可能性,所以他是在8月份比赛的。剩下艾伦·帕梅迩要在12月份面对利昂·堪维斯。最后,11月份的比赛是次中量级的。而线索4告诉我们弗兰克8月份的对手不是恰克·塔维尔,所以一定是詹森·索斯普,剩下恰克·塔维尔签约作为与里基·思科莱普在11月份比赛的对手。

因此得出答案:

8月,弗兰克·摩勒,中量级,詹森·索斯普。

9月,绍恩·杰伯,次轻量级,皮埃尔·萨斯格德。

10月,迪安·克林瞿,重量级,勒克·杰雷乔兹。

11月,里基·思科莱普,次中量级,恰克·塔维尔。

12月,艾伦·帕梅迩,次重量级,利昂·堪维斯。

电线杆上的猴子

司机老张眼神不是很好,一般不敢上高速,只在田间地头开车转悠,多说去县城赶个集。一天车开到半路,就停下了。路人感到奇怪,问怎么不走,他说:"没看见老是红灯吗?"

"哈哈,老张,眼睛真不灵了,那是电线杆上的两个猴子!"

索性老张就下车看起了猴子来了。他观察到在一根电线杆10米高处有两只猴子,其中一只猴子爬下电线杆到20米远的地面A处,与另一只猴子跳下来所经过的路程相同,那么这根电线杆有多高?

 参考答案

这根电线杆有15米高。

要知道电线杆的高度,可用"勾股定理"。假设路边的这根电线杆高 x 米。在这个直角三角形中,水平底边长20米,高为 x 米。

很快我们能知道爬下的猴走的路程为:$10 + 20 = 30$ 米

跳下来的猴的路程为:斜边 $+ (x - 10)$

$30 =$ 斜边 $+ (x - 10)$

斜边 $= 30 - (x - 10) = 40 - x$

由勾股定理:$x^2 + 20^2 = (40 - x)^2$

解得:$x = 15$ 米。

过隧道

一列火车,全长400米,并且以400米/分钟的速度,经过了一条3200米的隧道,从车头进入隧道到车尾离开,共需多少分钟?火车完全在隧道内的时间又是多少分钟?

 参考答案

从车头进入隧道到车尾离开,共需要9分钟。火车完全在隧道内的时间是7分钟。

好，我们分析一下，火车从车头进入隧道直到车尾离开，相当于车头行驶了隧道全长加上火车全长的距离。这样，我们就可以知道所需时间为：

路程/时间 = (3200 + 400)/400 = 9(分钟)。

接下来，我们看看这列火车完全在隧道内的时间是多少，相当于车尾行驶了隧道全长减去火车全长，这样，我们就可以知道所需时间为：

路程/时间 = (3200 - 400)/400 = 7(分钟)。

这里的两个"路程"大家要明白用的是什么路程。实在不能想清楚，不妨在纸上画个草图，可算是最好的办法了。

吊在梁上的人

一大早，酒吧的服务员汤姆，第一个来到班上；他听到顶楼传来了呼叫声"不好了，不好了……"汤姆三步并作两步奔到顶楼，发现领班约翰的腰部束了一根绳子被吊在顶梁上，吓得他毛骨悚然。

领班约翰对汤姆说："汤姆快点把我放下来，然后马上报警，就说我们被抢劫了。"

报警后，警察迅速赶至，领班约翰把经过情形告诉了警察："昨夜酒吧打烊盘点后，我正准备关门，有两个强盗冲了进来，把钱都给我们抢走了。然后把我带到顶楼，用绳子将我吊在梁上。"

警察对他说的话并没有怀疑，因为顶楼房里空无一人，他无法把自己吊在那么高的梁上，地上没有可以垫脚的东西。有一部梯子曾被盗贼用过，但它却放在门外。

突然，警察发现，这个领班约翰被吊位置的地面上有些潮湿。警察发现案情有了转机。没过多长时间，警察就查出了这个领班约翰就是偷盗的人。

但是奇怪了,没有外人的帮助,这个领班约翰是如何把自己吊在顶梁上的? 聪明的你来给大家分析一下吧!

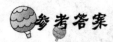
参考答案

他是这样做的:他利用梯子把绳子的一头系在顶梁上,然后把梯子移到了门外。然后他从冷藏库里拖出一块巨大的冰块带到顶楼。他立在冰块上,用绳子把自己系好,然后等时间。第二天当服务员发现他的时候,冰块已完全都融化了,这个领班约翰就被吊在半空中。哈,你想到了吗?

思维小故事

甜饼店劫案

神探博士赶到了抢劫案的现场——迪迪甜饼店的办公室。杰拉德·克里姆菲先生正在接受警官朗绍的询问,向他说明当时的情况。

"我当时正坐在自己的桌子旁,听到有人进来,我还没来得及回头看是谁,头上就狠狠地挨了一下,然后对方把我绑到了椅子上并蒙住了我的眼睛。他手里有枪,威胁我打开了保险箱,然后就卷钱而去。"

"你能描述一下罪犯的样子吗,克里姆菲先生?"博士问。

"我被蒙上了双眼,什么也没看到。"

"那么劫犯离开后你都做了什么?"

"劫犯走后我就不停地前后摇晃自己的椅子,直到我摔到在地。摔坏椅子之后我才有机会给自己松绑。我差不多花了半个多小时才脱身,

然后我马上就报了警。"

"克里姆菲先生,"博士听完后静静地说,"恐怕你编的故事里有个很大的漏洞,我看你还是老老实实地交代犯罪经过吧。"

博士为什么怀疑克里姆菲先生?

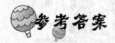
参考答案

他说他是在被绑和被蒙上双眼之后打开保险箱的。

沙漠中的无名女尸

一位探险家,拉着骆驼走在一个荒无人烟的大沙漠里。艰难地走着,突然他看到一个东西，但是他不敢相信自己的眼睛，走近一看，啊！是一个女子的尸体。探险家推断这个女子是从高处坠落而死，但是沙漠的四周并没有什么高层的建筑物啊，更让探险家感到疑惑的是，在女死者的手里还握有半截火柴。探险家马上明白了缘由。

你知道这个女子是怎么死的吗？

参考答案

有一队人坐着热气球去飞越大沙漠。热气球还没有飞多远，大家便发现燃料可能会不够，是坚持不到飞越过沙漠的。方法只有一个，必须要将气球上的重量减轻。开始人人都往地下面扔行李和箱子，接着就开始扔衣服，发现还是坚持不了很久，就必须得下去一个人，可是大家都不愿意下去。

于是就抽签，在热气球上只有火柴，于是把火柴盒里的火柴其中一根折断，其余的不动，将火柴盒拉开到一半，大家都看不到这根半截的火柴，然后每个人抽一次，这个女子不幸抽到了那半截火柴。

碰碰车

第四章　神机妙算

数字找规律

在动物园召开的运动会上，有13只小兔参加了100米赛跑。它们参加比赛的号码是按一定规律排列的。这13只兔子的排列是这样的：-1、2、3、10、15、26、（　）（　）、（　）、（　）、99、122、143。

可是教练员点名时，发现有4只小兔迟到了，这4只小兔子的号码各是多少呢？你们能猜出来吗？

参考答案

　-1、2、3、10、15、26、(35)(50)、(63)、(82)、99、122、143

让我们认真观察这列兔子，看看它们是不是有规律呢？

$-1 = 0^2 - 1$

$2 = 1^2 + 1$

$3 = 2^2 - 1$

$10 = 3^2 + 1$

$$15 = 4^2 - 1$$

$$26 = 5^2 + 1$$

$$35 = 6^2 - 1$$

$$50 = 7^2 + 1$$

$$63 = 8^2 - 1$$

$$82 = 9^2 + 1$$

$$99 = 10^2 - 1$$

$$122 = 11^2 + 1$$

$$143 = 12^2 - 1$$

所以,这 4 只迟到的兔子号码分别是:35、50、63、82。找规律填数是很有兴趣吧,整体上把握"规律"这个中心要记牢哦。

找不同

曾经在一年级的数学课本上有一道练习题,是让找不同的,你还记得吗? 说的是有 4 个图形:正方形、正方体、圆、长方形。你还记得你当时思考后得出了几个结论了吗? 一是正方体与其他图形不同,因为正方体是立体图形,而其他 3 个图形是平面图形。这是对的。

其实还有另一种结论是圆与其他图形不同,知道为什么吗? 因为其他图形都有角,线段是直的,只有圆没有角,围成圆的线是弯的。所以圆与其他 3 个图形不同。对于这个结论,你当时想到了吗?

我在这里提到这个问题,意思是告诉大家,不要给自己的头上套上"紧箍咒",不要限制自己的思维发散。

这样我们的思维在思考数学题的时候要有自己的主见和思想,只要有道理,就要坚持住哦,这样才能使使自己越来越自信,思维越来越灵活。我们平时要多进行自主探索、动手操作、质疑批判、求异创新。这样就会

啊在 IQ 碰碰车中,激流勇进!

下面咱们来看看:马克先生认识钟、王、岳、崔、周 5 位女士,其中:

(1)5 位女士分别属于两个年龄档,有 3 位小于 30 岁,两位大于 30 岁;

(2)5 位女士的职业有两位是教师,其他 3 位是秘书;

(3)钟和岳属于相同年龄档;

(4)崔和周不属于相同年龄档;

(5)王和周的职业相同;

(6)岳和崔的职业不同;

(7)马克先生的老婆是一位年龄大于 30 岁的教师。

请问谁是马克先生的老婆?

A.钟

B.王

C.岳

D.崔

E.周

崔。

由条件(3)、(4)可知道,钟和岳属于相同年龄档,但是因为崔和周中有一个人小于 30 岁,还有一个和他们是同年龄档,同时根据条件(1)中说的小于 30 岁的有 3 位,大于 30 岁的有 2 位,所以可以肯定钟、岳一定小于 30 岁。

根据条件(7)中马克先生的老婆是一位年龄大于 30 岁的教师,所以马克先生不会娶钟、岳。

由条件(5)、(6)可得,王和周的职业是秘书,因为王和周的职业相同,岳和崔的职业不同,就是说岳和崔中有一个跟王、周的职业相同,那么就有 3 个人的职业是相同的,这 5 位女士中 3 位相同职业的在条件(2)中可以得知王和周是秘书。

根据条件(7)马克先生的老婆是一位年龄大于 30 岁的教师,马克先生不会娶王、周。所以只剩下崔是符合条件的。

谁养的是鱼

大家养过金鱼吗? 再来看看这个:谁养的是鱼。

前提是,有 5 座 5 种不同颜色的房子;每座房子的主人有着各自的国籍;5 人中,每人只喝一种饮料,只抽一种香烟,也只养一种动物;5 人中,没有人养有相同的动物,抽相同牌子的香烟,喝相同的饮料。

给你个小提示:1. 英国人住红色房子;2. 瑞典人养狗;3. 丹麦人喝茶;4. 绿色房子在白色房子左面;5. 绿色房子主人喝咖啡;6. 抽"帕尔商业广场"香烟的人养鸟;7. 黄色房子主人抽"登喜路"香烟;8. 住在中间房子的人喝牛奶;9. 挪威人住第一间房;10. 抽"混合物"香烟的人住在养猫的人隔壁;11. 养马的人住在抽"登喜路"香烟的人隔壁;12. 抽"蓝色大师"的人喝啤酒;13. 德国人抽"王子"香烟;14. 挪威人住蓝色房子隔壁;15. 抽"混合型"香烟的人有一个喝水的邻居。

同学们你能回答,他们之中谁养的是鱼吗?

参考答案

住第四间房子的德国人养鱼。

其实咱们把条件好好地整理一下就不难分析出来了。

首先定位一点,我们是按照房子的位置,从左至右,12345 依次排开。

"挪威人住第一间房",在最左边。因为英国人住红色房子,挪威人住蓝色房子隔壁,所以我们可以想象挪威人房子的颜色只能是绿、黄、白,又因为"绿色房子在白色房子左面","挪威人住蓝色房子隔壁",所以在红色房子、蓝色房子、绿色房子、黄色房子、白色房子中,挪威人只能住黄色房子;因为"黄色房子主人抽'登喜路'香烟",所以住黄色房子的挪威人只能抽"登喜路"香烟。

根据"挪威人住蓝色房子隔壁",所以第二间房是蓝色房子,又因为"养马的人住在抽'登喜路'香烟的人隔壁",挪威人的房间是第一间,他的隔壁只有第二房子,所以第二间房子的主人养马。

由于"绿色房子在白色房子左面",所以绿色房子只能在第三或者第四间。如果绿色房子在第3间(即中间那间),因为条件告诉我们"住在中间房子的人喝牛奶",不难得到绿色房子的主人喝牛奶,这与条件中绿色房子主人喝咖啡相矛盾。所以假设错误,我们知道了绿色房子在第四间,其主人喝咖啡。

进一步,我们可以推出第三间房子是红色房子,住英国人,喝牛奶。第五间房子自然是白色房子。

因为"丹麦人喝茶",绿色房子主人喝咖啡,英国人喝牛奶,抽"蓝色大师"的人喝啤酒,所以挪威人只能喝水。

又因为"抽'混合型'香烟的人有一个喝水的邻居",所以抽"混合型"香烟的人只能住在第二间房子里。

现在我们来整理一下我们得到的结果吧!

第一间房子是黄色房子,住挪威人,抽"登喜路"香烟,喝水。

第二间房子是蓝色房子,主人养马,抽"混合型"香烟。

第三间房子是红色房子,住英国人,喝牛奶。

绿色房子在第四间,其主人喝的是咖啡。

第五间房子是白色房子。

思路没乱吧?那我们继续:因为"抽'蓝色大师'的人喝啤酒",所以,既抽"蓝色大师"的人吸烟,又喝啤酒的人只能住在第五间房子。

因为"德国人抽'王子'香烟"，所以德国人，只能住第四间房子。

因为"抽'帕尔商业广场'香烟的人养鸟"，所以只有英国人是抽"帕尔商业广场"香烟，并且养鸟。

因为"抽'混合型'香烟的人住在养猫的人隔壁"，又因为抽"混合型"香烟的人的隔壁只可能是挪威人或者英国人，所以养猫的人有可能是挪威人也有可能是英国人。

根据上面我们已经推出英国人养的是鸟，所以养猫的人只能是挪威人。

好，再暂停一会儿啊，我们再来整理一下思路：

第一间房子是黄色房子，住的是挪威人，抽"登喜路"香烟，喝水，养猫。

第二间房子是蓝色房子，主人是养马的人，抽"混合型"香烟。

第三间房子是红色房子，住英国人，喝牛奶，抽"帕尔商业广场"香烟，养鸟。

第四间房子是绿色房子，住的是德国人，抽"王子"香烟，喝的是咖啡。

第五间房子是白色的房子，主人抽"蓝色大师"，喝啤酒。

因为"瑞典人养狗"，又因为从我们整理的看第一、二、三间房子的主人都不养狗，第四间房子的主人是德国人，所以第五间房子住的是瑞典人，养狗。没错吧！

根据第一、三、四、五间房子的主人分别是挪威人、英国人、德国人、瑞典人，所以我们可以知道第二间房子的主人是丹麦人，喝茶。

如果同学们思路还跟得上的话，胜利在望哦。最后将战果整理一下：

第一间房子是黄色房子，住挪威人，抽"登喜路"香烟，喝水，养猫；

第二间房子是蓝色房子，住丹麦人，抽"混合型"香烟，喝茶，养马；

第三间房子是红色房子，住英国人，抽"帕尔商业广场"香烟，喝牛奶，养鸟；

QQ碰碰车

第四间房子是绿色房子,住德国人,抽"王子"香烟,喝咖啡,养猫、马、鸟、狗以外的宠物;

第五间房子是白色房子,住瑞典人,抽"蓝色大师",喝啤酒,养狗。哈哈,这下你知道答案了吗?如果你的思路是清晰的,你就不会感到累!不是吗?

思维小故事

溜冰场劫案

神探博士来到了溜冰场,这里播放的音乐简直震耳欲聋,甚至远在休息厅里都让人受不了。在溜冰场内,由于音乐声太大,人们几乎没法听到对方的说话声。

溜冰场的经理布莱德先生走到博士面前,向他示意到旁边一个标有"办公室"字样的房间谈话。当两人走进办公室并关上门后,博士发现屋内的隔音效果非常好,几乎完全听不到外面的音乐声了。

屋内坐着两个人,其中一个正用冰袋捂着自己的脑袋。

"我建这个隔音的办公室就是为了防止外面的音乐声传进来。可现在我们却被抢劫了,我也是刚赶到这里,还是让我的员工弗兰克和乔来给你描述一下当时的情况吧。乔,你先说吧。"经理说。

只见那个用冰袋捂着脑袋的人开始讲述起来:"当时我正在数钱,就坐在这个位置,背对着门口,然后就感觉到有人从后面走了进来,在我头上重重一击,等我醒过来的时候,发现钱已经不见了。"

"你呢?你知道些什么情况?"博士把头转向另一个叫弗兰克的

员工。

"我当时在溜冰场看他们溜冰,听到办公室传来撞击声,然后就回来看是怎么回事,正好看到一个高个子男人从办公室溜了出来,然后就跑掉了。我回到办公室发现乔已经晕了过去,就马上把他弄醒并报了案。"

"是吗?那么请告诉我你到底把钱藏到哪里了,弗兰克。"博士说道。

为什么博士怀疑弗兰克?

碰碰车

参考答案

弗兰克说他在吵闹的溜冰场听到了完全隔音的办公室里的声音,可见他在撒谎。

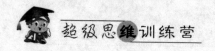

猜 词

你一定看过非常"6＋1"里的两人一个比划一人猜的节目吧？好了，咱们也来试一试！

$$\begin{array}{r} 学习再学习 \\ \times \qquad 学 \\ \hline 优优优优优优 \end{array}$$

哈哈，你没吓着吧？告诉你，这里的每个汉字都对应一个数字。你知道这项对应的数字是什么吗？

参考答案

$$\begin{array}{r} 37037 \\ \times \qquad 3 \\ \hline 111111 \end{array}$$

即：学＝3，习＝7，再＝0，优＝1

我们先从竖式得出的结果知道，最后的六位数是六位都一样的数字。被乘的数为五位，说明被乘数的最高位有进位。这样的话，我们可以得出"学"不会是2以下的数字，3也许是，也许不是。

我们先假设"学"是9的话，那么我们可以知道，优字是8，用式子表示就是"9习再9习×9＝888888"，由于9作为被除数的性质可以看出，888888不能被9整除，所以"学"为9被排除掉。

假设"学"是8的话，同理我们得出的式子应该是"8习再8习×8＝666666"，666666不能被8整除，所以"学"为8被排除掉。

假设"学"是7的话，同理我们得出的式子应该是"7习再7习×7＝555555"，555555能被7整除，得出的结果是"79365"，但是这个数与"学

习再学习"不相符,所以"学"为 7 被排除掉。

　　假设"学"是 6 的话,同理我们得出的式子应该是"6 习再 6 习 ×6 = 444444",444444 能被 6 整除,得出的结果是"74074",看起来这个数与 "学习再学习"相符,但是跟乘数"学"为 6 又不相符,所以"学"为 6 被 排除掉。

　　假设"学"是 5 的话,同理我们得出的式子应该是"5 习再 5 习 ×5 = 优优优优优优",因为 5 ×5 = 25,优可能是 2,但是这样,第二个"优"和之 后的"优"不可能是 2,所以"学"为 5 被排除掉。

　　假设"学"是 4 的话,同理我们得出的式子应该是"4 习再 4 习 ×4 = 111111",但 111111 不能被 4 整除,所以"学"为 4 被排除掉。

　　这样就只剩下"学"是 3 的情况了。如果不行就证明这个题没有解。 还是按前面的想法,如果"学"= 3,又要进位的话,我们可以列出的式子 就是"3 习再 3 习 ×3 = 111111",得到"111111 ÷3 = 37037",正好符合被 乘数"学习再学习"的形式,并且和乘数"3"相符。这是我们得到的最后 的答案。

字母拼接

　　接力赛刚刚结束,早晨的英语课,四年级 1 班的同学,还在讨论那激 烈的场面呢。英语老师说:"大家还意犹未尽吧? 好,我们来个英语字母 的接力赛!"从逻辑的角度在后面的空格中填入后续字母。

　　(1)A,D,G,J 之后的字母是什么?

参考答案

　　M。

A(B、C)D(E、F)G(H、I)J(K、L)M。

(2)CFIDHLEJ( )括号里的字母是什么?

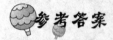

O。

第一个,第四个,第七个:C、D、E(是连续的字母)

第二个,第五个,第八个:F、H、J(按顺序当中空了一个字母)

第三个,第六个,第九个:I、L、O(按顺序当中空了两个字母)

由此规律得到了结果,你是不是觉得这个很有意思呢?四年级1班的同学真是了不起,体育的接力赛第一,英语字母的接力赛也表现得又快又好!

思维小故事

珍珠项链失窃后

"丁零零……"

一大早,波兰某城市警察局的一个办公室里响起了电话铃声。警察韦尔奈一把抓起话筒:"您好,哪一位?"对方传来急促的声音:"我是城中大亨珠宝店,我叫丘吉。我们这里有一串名贵的珍珠项链被盗,请派人来破案!"

几分钟以后,警察韦尔奈来到了珠宝店。

店老板丘吉告诉他："我这家珠宝店刚刚关门停业了 3 天。今天上午才刚开店，便进来一位顾客。他让我打开橱柜，要看一看里面的自动机械手表。"

说着丘吉就把韦尔奈带到那个橱柜，指着橱柜接着说："于是，我就打开橱柜，让他挑选，这位顾客拿起手表摆弄了一会儿，问了价钱，说要考虑考虑，就走了。他刚离开一会儿，我就发现橱窗里靠门的那边少了一串名贵的珍珠项链……"

韦尔奈看了看橱柜，问："那人的长相是什么样的？"

丘吉想了一会，说："个子高高的，戴一副茶色眼镜，衣着很讲究，脸面嘛，我没看清。我相信他一定是个惯偷，因为他的动作太神速了，连我都没看出来。"

韦尔奈说:"如果他是惯偷,档案里一定有他的指纹,这表上也会留下的。"

"我看见他刚刚放下手表,就立刻戴上了手套。"

"那么表上一定会留下他的指纹的。"

"可是这橱柜里挂着 100 多块手表,凡是来买表的顾客都要摆弄一番。哪块手表上能没有指纹呢?"

韦尔奈想了想,说:"别着急,我很快就能找出那块被他动过的手表。"刚说完,他就用镊子夹起了一块表,"就这块了!"

丘吉怀疑地说:"是这块吗? 您是怎么知道的呢?"

韦尔奈说出了自己的理由。

最终,在那块表上取下了案犯的指纹,并查出了那个案犯,将他逮捕了。

你知道韦尔奈是根据什么找到所需要的手表的吗?

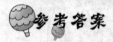

表店停业 3 天,自动机械表早就停了,盗贼又是今天唯一的顾客,那么他摆弄的表一定还在走。这样,找出正在走着的手表就行了。

下一行是什么

下面是某超市的统计。这个超市的统计员很马虎,是个粗心的"统计人员",不小心去掉了中间的汉字,就变成了:

1

11

21

1211

111221

凭借你的眼力和逻辑思维,你猜猜下一行是什么? 为什么?

 参考答案

312211。

统计员很逗,丢三落四的。记下的这堆数字,竟然还有一定的规律可循呢,其实所统计的每一行都是对上一行的"统计"。

第一行:"1"统计为:1 个 1,去掉"个"字,就变成了"11",这也就是我们看见的第二行。

同理,第二行可统计为:2 个 1,去掉"个"字,就变成了"21",也就是第三行显示的了。

同理,第三行可统计为:1 个 2 和 1 个 1,去掉"个"字和"和"字,就变成了"1211",也就是第四行了。

同理,第四行可统计为:1 个 1 和 1 个 2 和 2 个 1,去掉"个"字和"和"字,就变成了"111221",也就是第五行。

同理,第五行可统计为:3 个 1 和 2 个 2 和 1 个 1,去掉"个"字和"和"字,就变成了"312211",也就是第六行,就是我们需要的答案。

要是这样下去,下一行相信聪明的你也会写出来了吧!

青蛙飞天

有一只青蛙跳进一条东西方向的水泥管道中,每次可以选择向东跳也可以向西跳。青蛙第一次跳 1 的平方厘米,第二次跳 2 的平方厘米……第 19 次跳 19 的平方厘米。青蛙跳完 19 次后,必须达到距原位置

东方 2008 厘米处。假设青蛙完成此任务的方案中最后一跳向西的距离为 n 的平方厘米,请问所有可能中 n 最小值是多少?

参考答案

假设跳了 n 步。将往西方向跳的距离之和记计 s,那么这距离 s 为一些完全平方数之和。

那么依题意有:$1^2 + 2^2 + 3^2 + \cdots + n^2 - 2s = 2008$。

即有:$n(n+1)(2n+1) \div 6 = 2008 + 2s$。

好了,我们进行如下的尝试:

$n \leqslant 17$ 时,上式左边 $\leqslant 17 \times 18 \times 35 \div 6 = 1785$,而右边 $\geqslant 2008$,不可能,即被排除掉;

$n = 18$ 时,上式左边 $= 18 \times 19 \times 37 \div 6 = 2109$,而右边是偶数,不可能,因此被排除掉;

$n = 19$ 时,上式左边 $= 19 \times 20 \times 39 \div 6 = 2470$,于是可求得 $s = 231$。现在要考察 s 是否能写成几个完全平方数之和。好了,我们就可以知道 $231 = 196 + 25 + 9 + 1 = 14^2 + 5^2 + 3^2 + 1^2$。由此可知,只跳 19 步即可满足要求。

方法是:其中第 1 步、第 3 步、第 5 步以及第 14 步都向西跳,其余的步数均向东跳就可以做到。这样就可以知道,n 最小为 19。

还是这只青蛙,好不容易从水泥管道中跳出来,一用力,不好!掉进了枯井里,它要往上爬 30 尺才能达到井口,每小时它总是爬 3 尺,又滑下 2 尺。问这只倒霉的青蛙需要多少小时才能爬到井口?

28 小时。

看起来这只倒霉的青蛙每小时只往上爬 3 - 2 = 1（尺）的距离,但爬了 27 小时后,它再爬 1 小时,往上爬了 3 尺,就已经到达了井口,可以从井里出来了,它不会再叫自己滑下 2 尺的。因此,答案是 28 小时,而不是我们按每小时爬 1 尺得来的 30 小时。因为最后 1 小时跟以前的 1 小时是不一样的。这点你想到了吗?

思维小故事

碰碰车

小侦探的判断

美国艾达维尔城有个名叫勒鲁瓦·布朗的少年。他父亲是这个城里的警察局长。小布朗从小聪慧过人,受到父亲的影响,他对破案有特殊的兴趣。艾达维尔城是个规模不大的城市,但经常有犯罪案件发生,不过有了办事认真的警察局长,这里的案犯很少能逃脱法网。使人惊奇的是,布朗局长经常得到他儿子勒鲁瓦的帮助,所以人们称勒鲁瓦为小侦探。

一天晚上,全家正在吃晚饭的时候,布朗局长对儿子勒鲁瓦说:"在逃犯纳蒂又作案了,他抢劫了狄龙和琼斯合股开设的西服店。"

关于在逃犯纳蒂的情况,小侦探勒鲁瓦是知道一些的。该犯自从监狱逃出后,一个月内作了 5 次案,不过都是在农村和公路上作的案,想不到这次竟在城里作起案来。勒鲁瓦因为有疑问,所以问道:"爸爸,你怎么知道那抢劫西服店的强盗就是纳蒂呢?"

父亲说:"那是西服店的合伙老板之一狄龙提供的情况。"说着,他拿出了一本笔记本念着狄龙原话的笔录:"当时店里只有我一个人,突然有个男人闯进来喝道:举起手来! 我吃了一惊,急忙抬头一看,站在我面前的正是在逃犯纳蒂。他身穿灰大衣,后面束着皮带,和报纸上登载的完全一样。纳蒂命令我脸朝墙壁。在他的威胁之下,我只好听从他的话。等我回过头来时,他已经溜掉了,店里的钱财被他抢劫一空。"

小侦探勒鲁瓦听完了笔录,问道:"爸爸,报上登载过纳蒂的照片吗?"

"登过,不过相貌模糊不清,主要的特征就是灰大衣和背后束着皮带,这是人所共知的。"

勒鲁瓦说:"这个案件很容易解决。"

布朗局长惊讶地问:"现在连纳蒂的踪影都无从了解,怎么就可以破案了呢?"

勒鲁瓦说:"我是说狄龙的西服店根本没来过什么强盗。"

"噢——"布朗局长经儿子提醒,似乎也在思索这个问题,"那你认为狄龙在撒谎了?对此,你是怎么断定的呢?"

案件查清后,证实了小侦探的推测,原来狄龙想吞占店里的公款,又不想让他的合伙人知道,所以把自己的罪过推到强盗身上。在逃犯纳蒂一个月里作了5次案,狄龙认为他最适合做自己的替罪羊。

你知道勒鲁瓦是怎么断定的吗?

参考答案

按狄龙介绍,强盗进门时,开始面对强盗,后来又面对墙壁,这就根本看不到强盗背后束着皮带,所以狄龙在撒谎。

多少只狗有狂犬病

山脚下的一个村子里,村民主要是以狩猎为生,所以村里的50户人家,没有聋子,每户人家养一条狗。由于村外曾闯进来过一只疯狗,给一贯平静的村里带来了很大的波澜,村子里的有些狗不幸感染了疯狗病。为了全村的人身和其他未患病的狗的生命安全,现村长下达杀死疯狗的命令:

杀狗规则如下:

(1)必须确定是疯狗才能杀。

(2)杀狗要用猎枪,开枪杀狗人人都听得见。

(3)为了公平,只能观察其他人家的狗是否得了疯狗病,不能观察自己

的狗是否有疯狗病。

(4)为了公正,只能杀自己家的狗,别人家的狗你就是知道有疯狗病也不能杀。

(5)为了保密,任何观察到其他人家的狗有疯狗病都不能告诉任何人。

(6)人人都正常,都可以判断出是否是疯狗。

村里按照村长上面的指示和规则进行着。结果,第一天没有枪声,第二天没有枪声,第三天响起一片枪声。

问:第三天杀了多少条疯狗?

3条。

我们特别确定的是不可能只有一条疯狗。因为一条的话,那么该疯狗的主人看到的就都是正常的狗,所以他就知道只有自己的狗是疯狗,就会第一天就开枪杀掉自己的狗。

如果有两条是疯狗,其中任一疯狗的主人会看到另一条疯狗,并且通过"第一天没有枪声"他已经知道不会只有一条疯狗,第二天就会杀掉自己的狗。

如果有3条疯狗,其中任一疯狗的主人会看到另两条疯狗,并且通过"第一、二天没有枪声"知道不会只有两条疯狗,所以第三天会打死自己的狗。

如果是有4只疯狗,按上面的推理,则需要第四天才会开枪。你确定了吗?

生日是哪一天

　　这天是 9 月 10 日,班上同学全体起立祝福张老师"节日快乐!"但是唯有小明和小强说错了,说"生日快乐!"全班大笑,张老师也乐了。张老师的生日是 M 月 N 日,2 人都不知道张老师的生日。张老师在黑板上写下了下列 10 组日期,说自己的生日就是其中的一天。张老师把出生的月份告诉了小明,把出生的具体日子告诉了小强,张老师问他们知道他的生日是那一天吗?

　　小明说:"如果我不知道的话,小强肯定也不知道。"

　　小强说:"本来我也不知道,但是现在我知道了。"

　　小明说:"哦,那我也知道了。"

　　你知道张老师到底是哪天生日吗?

3 月 4 日　3 月 8 日　3 月 5 日　6 月 4 日　6 月 7 日　9 月 5 日　9 月 1 日　12 月 1 日　12 月 2 日　12 月 8 日

参考答案

　　9 月 1 日。

　　首先小明知道小强不可以只凭日子就可以知道张老师的生日,那么排除掉只有单个的 7 日和 2 日。

　　剩下的日子为:

　　3 月 4 日、3 月 5 日、3 月 8 日、6 月 4 日、9 月 1 日、9 月 5 日、12 月 1 日、12 月 8 日。

　　小明怎么会知道呢?那是因为他知道月,由月即可推断小强不能仅凭日子就知道张老师的生日,又因为咱们已经把带 7 日和 2 日的日子已

经排除,那么说明张老师的生日不可能在 6 月和 12 月。

这样那么剩下的日子为:

3 月 4 日、3 月 5 日、3 月 8 日、9 月 1 日、9 月 5 日。

小强听完小明说的后就知道张老师的生日是哪一天,说明在剩下的日子中,小强所知道的日子是单独的,那么单独的为 1 日,4 日,8 日中的一种。

那么剩下的日子为:

3 月 4 日、3 月 8 日、9 月 1 日。

而小明在听小强说完后也知道了说明在剩下的日子之中,月也是单独的,他可以凭月就知道张老师的生日,那么这里剩下的含单独的月的那个日子就是张老师的生日,即为 9 月 1 号。

思维小故事

117 号房间的凶杀案

比尔探长因为破获绑架案,和罗丹图书馆的嘉莉认识后,常到图书馆去找她借书。

这一天,图书馆闭馆以后,两人来到"皇冠"饭店的酒吧间喝咖啡。忽然,身穿黑礼服的饭店夜班经理冲到他俩面前大叫道:"比尔探长,您在这儿太好了! 117 号房间出了一桩凶杀案。死者是布朗温·德·普芙太太。她是昨天夜里来登记住宿的。"

在 117 号房间,比尔探长和嘉莉小姐看到:一个身穿灰色睡袍的年轻女子四肢摊开,躺在床上。她长着满头红发,在靠近头发根部有一个弹

孔,血浆已经凝固。这位太太已经死去多时了。

嘉莉小姐仔细打量起房间来。只见一个墙角边放置着几只看上去价格昂贵的粉红色手提箱,每只上面都烫印着金色字母"B·de·P"。壁橱的门敞开着,里面挂满了值钱的成套的华丽衣服:一套玫瑰红纺绸睡衣,一件猩红色羊毛外套,一套大红色礼服,一件连帽子的橙色雨衣,一件配有米色飘带的粉红色外衣。

嘉莉小姐转身问了夜班经理:"昨天晚上,布朗温·德·普芙太太来登记住宿时,您见到她了吗?"

经理说:"是的,昨天夜里正下着大雨,她穿的是这件连帽子雨衣,把脸遮住了一半。"

"这些正是她带的行李。对了,梳妆台上的钱包也是她的。"

比尔翻了翻钱包,抽出一叠名片,上面都印着"B·de·P"几个字母,

可钱包里却没有钱。嘉莉小姐对探长说:"比尔,我总觉得行李和壁橱里的衣服都不是床上那个女人的。被害人肯定不是布朗温·德·普芙太太。"

"为什么?"比尔微笑地问,他心里也有了底,不过他想考考面前这位图书管理员。

嘉莉小姐说出了自己的理由。比尔听了赞许地说:"你分析得完全和我所想的一样。"

几天以后,比尔在另一个饭店抓获了布朗温·德·普芙太太。原来,她是凶手。被害的姑娘一直受她操纵。为了灭口,她设下圈套把那姑娘杀死,又故意丢下全部行李,企图让警方误认为死者便是布朗温·德·普芙太太。

你知道嘉莉小姐看出了什么破绽,她是怎么分析的吗?

参考答案

死去的姑娘是红头发,而壁橱里的衣服也是红色的,从审美心理上看,是不合理的。她断定死者不是布朗温·德·普芙太太。

猴子的主意

一夜大雨过后,天气晴朗,空气清新,两只小兔子,嘟嘟和福福起床后提着篮子来到大森林里去采蘑菇。雨后森林里的蘑菇可真不少,他们很快就采了一大堆蘑菇。但在分蘑菇的时候,嘟嘟和福福争吵了起来,因为他俩都不想少要。怎样才能把这堆蘑菇平均分配给他们呢? 最后,他们找到了森林中最聪明的老猴子,让他来处理这个问题。于是,老猴子给它们出了奇特的主意,嘟嘟和福福拿着自己的蘑菇,高高兴兴地回家了。

你知道老猴子给嘟嘟和福福出的是什么主意吗?

 **参考答案**

现在我们来分析老猴子给嘟嘟和福福出的主意。兔子嘟嘟先将蘑菇平均分成两份,然后由兔子福福在两分中挑走其中的一份,剩下的一份就是属于兔子嘟嘟的。因为蘑菇是由兔子嘟嘟分的,所以在他的眼中,这两份当然是一样多的。兔子福福在两份中挑选的时候,当然会挑走他认为比较大的一份。这样,嘟嘟和福福两个兔子便都满意了。

图书馆藏书

2011 年中小学暑期校舍维修,某校的学校图书馆也在维修之列。对馆内的图书也要进行整理。图书管理员忙碌地统计着,馆里的故事书的本数是科技书本数的 5 倍少 24 本,并统计出这两种图书共 144 本。问图书室故事书和科技书各多少本?

 **参考答案**

故事书 116 本;科技书 28 本。

故事书本数是科技书本数的 5 倍少 24 本,那么,故事书 + 科技书,两种图书之和为科技书的 6 倍少 24 本。这两种图书共 144 本,那么科技书本数的 6 倍是 144 + 24 = 168 本;

图书馆内科技书数量 168 ÷ 6 = 28 本,

图书馆内故事书数量 144 − 28 = 116 本。

统计员是用口算的。你用数学的方法帮他检验一下:

144 + 24 = 168(本),168 ÷ (5 + 1) = 28(本)……科技书;

$144-28=116$（本）……故事书。

还不敢确定的话，我们再设方程验算一下：

假设科技书有 x 本，则故事书有 $(144-x)$ 本。

按照题意可以得出：

$(144-x)=5x-24$

$6x=168$

$x=28$（本）

$144-x=116$（本）

完全正确！

思维小故事

盲人音乐家打赌

瓦郎先生是个盲人音乐家，在歌剧院里担任第一小提琴手。可是在昨天晚上，他把心爱的小提琴输给了他的朋友汉斯。他感到很心疼，也很后悔，所以打电话把这件事告诉了布朗局长。

布朗局长和瓦郎先生都是艾达维尔城的名人，经常在社交场上会面。对于瓦郎先生的求助，局长是决不会推诿的，所以准备前去登门拜访。布朗局长的儿子小侦探勒鲁瓦钦慕这位音乐家已久，也想去见识一下这位名人。

父子俩来到一所华贵的别墅，由仆人将他们领进了一间书房。音乐家瓦郎先生已在那里等候了。

"说来真荒唐，"瓦郎先生叙述说，"昨晚我以小提琴和汉斯先生打赌,我将装着冰块的杯子锁到这间屋子的保险箱里,请汉斯走出屋去,他要在一个小时内将姜汁与保险箱里的冰块调换。我把房门上了两重锁,觉得这事绝不能办到的,可是一个小时后,当我再从保险箱里取出杯子时,杯子里装的居然是姜汁。我输了,心爱的小提琴只好归他所有,可是我怎么也弄不明白是怎么回事⋯⋯"

父子俩认真地听着这位音乐家的叙述,觉得事情确实不可思议。布朗局长说道:"请把经过讲得详细些,特别是一些细节。"

瓦郎先生继续说:"有几点我必须强调的:第一,杯子里的冰块在放进保险箱时,我还用手摸了一下,确实是冰块。第二,一小时后,杯子从保险箱取出来时,我还尝了一下,确实是姜汁饮料。第三,我亲自锁保险箱

门。一个小时内,我屏息静气,注意响声,什么声音也没听到,然而汉斯居然成功了。"

小侦探勒鲁瓦说:"恐怕你忘了最主要的一点,这次打赌是汉斯提议的。"

"对!"盲人音乐家赞同地说,"因为他对我的听觉表示怀疑,所以我就发狠心,将心爱的小提琴作为赌注。"

布朗局长感到很为难,但他安慰音乐家说:"既然你同汉斯先生是好朋友,我去同他说说,让他把小提琴还给你!"

"这是我的自尊心所不能允许的。除非你能揭穿他在这次打赌中玩了什么花样。"

布朗局长正犹豫时,小侦探勒鲁瓦却发言了:"汉斯先生在打赌中确实玩了花样……"

事后,布朗局长去找汉斯。汉斯承认了自己在打赌上玩了花样,其方法正如小侦探勒鲁瓦所说的那样。他心甘情愿地将小提琴退还给盲人音乐家。你能揭穿汉斯在这次打赌中玩了什么花样吗?

参考答案

汉斯提出的打赌,他有备而来,事先准备了一个用姜汁饮料冻成的冰块,放入保险箱,一个小时后冰块化成了姜汁饮料。

第五章　星移斗转

真币与假币

"借我,借我一双慧眼吧,让我把这世界看个清清楚楚,明明白白……"今天"5 元店"金老板高兴,一大早的就唱开了。这时,店里来了一位顾客,挑了 25 元的货,拿出一张 100 元的纸币付账。金老板没零钱,找不开,就到隔壁老板那里把这 100 元换成零钱,回来给顾客找了 75 元零钱。

过了一会儿,隔壁的老板来找金老板了,说刚才的 100 元是假币。金老板马上给隔壁的老板换了一张 100 元的真币。金老板不再唱了,因为他赔了,究竟他赔了多少钱呢?

 参考答案

金老板赔了 100 元。

金老板刚开始用顾客的假币从隔壁老板那里换回 100 元真币,给了顾客 75 元,和货物 25 元,再后来给了隔壁老板 100 元真币,总共就是赔了 100 元。

隔壁老板,先是用 100 元换了假币,后来用假币换回 100 元真币,他

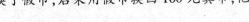

不赔不赚。

顾客,用一张假币换回75元真币和货物,他赚的就是75元加货物,就是金老板赔的钱,所以金老板赔的就是100元。

还可以用另一种考虑方向,不管有几个人怎么换,金老板损失的其实就是一张100元假币,他的损失就是100元。

鸡蛋有多少

在农家大院是好邻居的张婶和吴婶,两人共带100个柴鸡蛋一大早到集市去卖,一个人带得多,一个人带得少,但最后她俩卖了同样多的钱。

一个大婶对另一个大婶说:"如果我有你那么多的鸡蛋,我能卖18元。"

另一个说:"啊?如果我有你那么多的鸡蛋,我只能卖8元。"

你知道张婶和吴婶她们各带了多少枚柴鸡蛋吗?

参考答案

带的多的是60枚柴鸡蛋,带的少的是40枚柴鸡蛋。

设其中的一个大婶有 x 个鸡蛋,则另一个大婶有 $100-x$ 个鸡蛋。

$18x \div (100-x) = 8 \times (100-x) \div x$

$8 \times (100-x) \times (100-x) = 18x \times x$

$(100-x)^2 = (9/4)x^2$

$100-x = (3/2)x$

$(5/2)x = 100$

$x = 40$

$100-x = 60$

比力气

元旦联欢活动中,学校里举行了很多的游艺活动,五年级和六年级的一部分同学选择了拔河比赛,分为甲、乙、丙、丁 4 个小组进行。比赛结果是:当甲乙两组为一方,丙丁两组为另一方的时候,双方势均力敌,不相上下。但当甲组与丙组对调以后,甲丁为一方轻而易举地战胜了乙丙一方。

然而,乙组的同学不服输,他们自己同甲丙两组分别较量,结果都胜了。请问,这 4 个组中,哪组力气最大,哪组第二,哪组第三,哪组力气最小?

参考答案

丁组力气最大,乙组第二,第三是甲组,力气最小的是丙组。

我们从乙组与甲和丙两组单独较量中可以知道,乙组的力气比甲组和丙组的都大。

而乙组在与丙组成一方时,又输给了甲和丁组合的一方,我们在此做个假设:甲组和丙组的力量都和乙组的一样的话,这样不能得出丁组是这四组中力气最大的。

现在就要看甲组和丙组相比了。从"甲组乙组两组为一方,丙组丁组两组为另一方的时候,双方势均力敌,不相上下"这里来看,因为丁组力量比乙组的大,要是丙组再比甲组力量大的话,就和题意相反。所以得到甲组的力气比丙组的大。

我们最后进行思路整理,就可以看出结果了。力气从大到小的 4 组排名是:丁组、乙组、甲组、丙组。

碰碰车

思维小故事

令人瞠目结舌的真相

1882年5月4日早晨，巴西护卫舰“阿拉古阿里”号上的水手像往常一样，用吊桶提上来一桶海水，以便测量水温。忽然发现桶里浮着一只密封的瓶子。船长吩咐打碎它——瓶里掉出一页由《圣经》中撕下的纸。只见上面用英文在空白处不太整齐地写道：“帆船西·希罗号上发生哗

变,船长死亡,大副被抛出船舷。发难者强迫我(二副)将船驶向亚马孙河口,航速 3.5 节,请救援!"

船长取出罗意商船协会登记簿一查,知道确有"西·希罗"这样一艘英国船,排水量为 460 吨。它建于 1866 年,归赫耳港管。于是船长命令立即追踪。两小时后护卫舰追上了叛船,并很快地控制了它;叛变者被缴了械,并带上了镣铐。同时军需官在货舱里找到了拒绝与叛军合作的二副赫杰尔和其他两名水手。

二副奇怪地问道:"请问你们是怎么得知我船蒙难的? 叛变是今天早晨才发生的,我们认为一切都完了……"

"我们是收到了您的求救信才赶来的!"船长回答说。

"求救信? 我们之中谁也没有寄过呀!"

船长拿出求救信给二副看。二副说:"这不是我的笔迹,而且叛变者一刻不停地监视着我。"

这一来,船长如坠雾中。结果,当"西·希罗"号全体船员被遣返英国后,在法庭上才揭开了令人瞠目结舌的真相。你知道这是怎么回事吗?

参考答案

原来,巴西护卫舰从海洋里打捞上来的并非是求救信,而是广告书。在"西·希罗"叛乱事件发生前 16 年,有个叫约翰·帕尔明格托恩的人出了一部名为《西·希罗》(《海上英雄》)的小说。后来由于在广告宣传上下了功夫,该书销路极好。宣传的方式之一就是作者在小说出版之前,往海里扔了 5000 只封装着摘自《圣经》的著名片断和书稿中求援呼吁内容的瓶子。偏偏有那么一只瓶子会被巴西护卫舰捞起,内容又偏偏与叛乱事件相符,以至奇迹般地成了罹难船的救命符。这是作者在 16 年前始料不及的……

测量的奇怪数据

三年级上学期，开始学习测量，老师给同学们布置了一些作业，希望同学们回家去测量一些东西，凡是家里的东西都可以测量。

第二天，老师拿出了小勇的作业本，看到上面有这样几道题：$9+6=3$，$5+8=1$，$6+10=4$，$7+11=6$。这可把老师给气坏了。于是，老师狠狠批评了小勇。可是，小勇说了一句话，老师也觉得有道理。

你仔细观察这几道题，你觉得小勇会说什么呢？

参考答案

小勇说的是：我看的是钟表。

$9+6=3$，就是 9 点的时候再加 6 个小时，就是 15 点，15 点就是下午的 3 点，在钟表上指示就是 3 点。

同理，$5+8=1$，就是 5 点的时候再过 8 个小时，就是 13 点，在钟表上显示的是 1 点。

同理，$6+10=4$，就是 6 点以后再过 10 个小时，就是 16 点，在钟表上显示的是 4 点。

同理，$7+11=6$，就是 7 点以后再过 11 个小时，就是 18 点，在钟表上显示的是 6 点。

小勇测量的是什么，大家也都明白了吧？哈哈，瞧瞧这顿批评挨的！

谁最小

　　蓝猫龙骑团中的啦啦、土狼、巴豆、咖喱，只知道他们的年龄是：巴豆年龄是 A，啦啦的年龄是 B，咖喱年龄是 C，土狼的年龄是 D 四个数，它们的年龄分别有以下关系：A、B 之和大于 C、D 之和，A、D 之和大于 B、C 之和，B、D 之和大于 A、C 之和。请问，你可以从这些条件中知道这 4 个人物中谁的年龄最小吗？

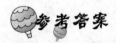 参考答案

咖喱最小。

由题意可得$(1)A+B>C+D$；

$(2)A+D>B+C$；

$(3)B+D>A+C$。

由$(1)+(2)$得：$2A+B+D>B+2C+D$，

两边同时减去$(B+D)$，得：$2A>2C$，

两边同时除以2，得：$A>C$；

同理，由$(1)+(3)$得：$A+2B+D>A+2C+D$，

两边同时减去$(A+D)$，得：$2B>2C$，

两边同时除以2，得：$B>C$

同理，由$(2)+(3)$得：$A+B+2D>A+B+2C$，

两边同时减去$(A+B)$，得：$2D>2C$，

两边同时除以2，得：$D>C$

C 比所有的数都小，所以，C 最小，也就是咖喱年龄最小。

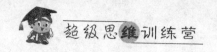
鸡妈妈数数

小鸡从卵中孵出后,逐渐长大了。鸡妈妈领着自己的孩子们去觅食。为了防止鸡宝宝丢失,她总是数着鸡宝宝的数目,从后向前数到自己是8,从前向后数,数到她是9。鸡妈妈最后数出来她有17个孩子,可是鸡妈妈明明知道自己没有这么多孩子。那么这只糊涂的鸡妈妈到底有几个孩子呢?鸡妈妈为什么会数错?

有15个孩子。

第一步:鸡妈妈数的数是从后向前数,数到她自己时是8,说明这时她是第八个,她的后面还有7只小鸡宝宝;

第二步:鸡妈妈又从前往后数,数到她自己是9,同理,说明从前往后数时她是第九个,她的前面有8只小鸡宝宝;

第三步:这么分析下来鸡妈妈的孩子总数应该是15,而不是17。

鸡妈妈数错的原因是她数了两次都把她自己数进去了。

思维小故事

终日不安的罪犯

张某犯有盗窃罪,总怕他的同伙去自首,所以终日惶惶不安。他妻子

劝他去自首,他非但不肯,反而毒打妻子。他父亲也劝他去自首,他吹胡子瞪眼地大骂父亲,就是不肯去自首。

后来,他为了逃避罪责就写了一封信给他的同伙,妄想与他订立攻守同盟。白天他不敢出去寄信,于是就在晚上出去寄。可是,当他寄出信后第二天就被捉拿归案了。是同伙告发他了吗?没有。

你知道这是怎么回事吗?

 参考答案

　　事后张某才知道,由于晚间看不清,加上他性急慌忙,把那封信投到举报箱里去了。

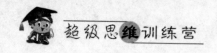
吃橙子

巴豆家里来了蓝猫、菲菲等 6 个伙伴。巴豆想用橙子来招待伙伴,可是家里只有 5 个橙子,只好把橙子切开了,可是又不能切成小碎块,巴豆希望每个橙子最多切成 3 块。这就成了一道难题:给 6 个伙伴平均分 5 个橙子,每个橙子都不许切成 3 块以上。巴豆是怎样做的呢?

如果没有题中所说的"巴豆希望每个橙子最多切成 3 块"这个限制的话,其实就是很容易的问题了,直接把 5 个橙子分成 6 等分就可以了。但是,有了这个限制就不行了,那么我们想把 5 个橙子平均分给 6 个人,用数学的方法:$5 \div 6 = 5/6$,怎么才能分成这个 $5/6$ 呢?

5 可以分成 $2 + 3$,那么 $5/6 = (2 + 3)/6 = 2/6 + 3/6 = 1/3 + 1/2$。

这样可以看出来了吧,我们可以把其中 3 个橙子切成两块,这样会有 6 块半个橙子;剩下的两个切成 3 块,$1/3$ 个的橙子也有 6 块。是不是就可以分给 6 个人了呢?

逻辑比赛

今天是 4 月 1 日,愚人节,五年级 7 班的学生在课活时间举行了一场逻辑能力大赛,有 5 个小组进入了决赛(每组有两名成员)。决赛时,进行 4 项比赛,第一项参赛的是胡、宛、赵、李、秦;第二项参赛的是郑、宛、胡、李、周;第三项参赛的是赵、张、胡、金、郑;第四项参赛的是周、胡、宛、张、秦；另外，刘某因故 4 项均未参加。请问：谁和谁是同一个小组的？

参考答案

胡、刘是一组；郑、秦是一组；李、张是一组；周、赵是一组；宛、金是一组。

由条件给出的刘某因故 4 项均未参加比赛，在这 4 项比赛中，只有一个人需要每项都参加。我们可以看出只有胡是 4 项比赛都参加了的人，那就很明显的证明胡和刘是一组的。

在第一项中郑没有参加，但在郑参加的第二项和第三项中，可以看出只有秦没有参加，反而都参加了郑没有参加的第一项和第四项，所以可以得出郑、秦可能是一组的。

同样，在参加第一项的李也参加了第二项，这里可以看出没有参加这两项的张参加了第三项和第四项，由此可以推断出李和张是一组的。

同理，参加了第一项和第三项的赵，与其对应的参加了第二项和第四项的就是周了。

最后一组很容易的就出来了，那就是宛和金了。

性别巧区分

喜爱贝多芬的音乐的盲姑娘阿忆，虽然双目失明，但是她很聪慧。顽皮的阿乔给她出了个题，他说："α、β、γ 三人存在亲缘关系，但他们之间不违反伦理道德。

（1）他们三人当中，有 α 的父亲、β 唯一的女儿和 γ 的同胞手足；

（2）γ 的同胞手足既不是 α 的父亲也不是 β 的女儿。

阿忆，你说不同于其他两人的性别的人是谁？"

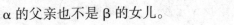

阿乔还提示:以某一人为 α 的父亲并进行推断;若出现矛盾,换上另一个人。

阿忆低下了头,一会儿她就知道答案了。

γ。

阿忆的分析是这样想的:根据条件(1)三人中有一位父亲、一位女儿和一位同胞手足。阿忆想,如果 α 的父亲是 γ,那么 γ 的同胞手足必定是 β,于是,β 的女儿必定是 α,从而阿忆得出 α 是 β 和 γ 二人的女儿,而 β 和 γ 是同胞手足,与前提条件"不违反伦理道德"相违背。

α 的父亲是 β。于是,根据条件(2)γ 的同胞手足是 α。从而阿忆得出,β 的女儿是 γ。阿忆又根据话中的条件(1)α 是 β 的儿子。阿忆确定,γ 是唯一的女性。

思维小故事

选择几率

小王在街上遇到一个小赌局。那个摆赌局的人面前放着 3 个小茶碗。他对小王说:"我要把一个玻璃球放在其中一个小碗中,然后你猜测它可能在哪个茶碗中。如果你猜对了,我就给你 10 元钱,如果你猜错了,就要给我 5 元钱。"小王同意了,他玩了一会儿,输了一些钱后,这时他计算了一下,发现自己猜对的几率只有 1/3,所以他不想玩了。这时那个摆

赌局的人说：

　　"这样吧，我们现在开始用新的方式赌，在你选择一个茶碗后，我会翻开另外一个空碗。这样，有玻璃球的碗肯定在剩下的两个碗中，你猜对的几率就大了一些。"小王认为这样他赢的几率就大多了，于是他继续赌下去，可怜的小王很快就输光了。

　　你知道这是怎么回事吗？

 参考答案

　　其实小王仍然是在 3 个碗中选择一个，他选择正确的几率仍然是 1/3。在选择后再揭开另外一个空碗对他的选择没有任何影响。

他是怎么猜到的

　　金苹果双语幼儿园大一班老师带着7名小朋友,她让6个小朋友围成一圈坐在操场上,让另一名小朋友坐在中央,拿出7块丝巾,其中4块是红色的,3块是黑色的。然后蒙住7个人的眼睛,把丝巾包在每一个小朋友的头。然后解开周围6个人的眼罩,由于中央的小朋友的阻挡,每个人只能看到5个人头上丝巾的颜色。这时,老师说:"你们现在猜一猜自己头上丝巾的颜色。"大家思索好一会儿,最后,坐在中央的被蒙住双眼的小朋友说:"我猜到了。"

　　你知道被蒙住双眼坐在中央的小朋友头上是什么颜色的丝巾?他是如何猜到的?

　　红色的丝巾。

　　周围的6个小朋友只能看到周围5个人头上的丝巾的颜色,由于中间那个小朋友的阻挡,每个小朋友都无法看到与自己正对面的丝巾颜色,他们无法判断自己丝巾的颜色,证明他们所看到丝巾的颜色是3红2黑。剩下1黑1红是他们和自己正对着的人的丝巾颜色,这就说明处于正对面的两个人都包着颜色相反的丝巾,那么中间的人就只能包红色的丝巾。

第六章　原来如此

粗心的约会

"马马虎虎"（网名）去离家 1600 米的朝阳公园和他的网友约会，约会时间是下午 1 时 20 分。

"马马虎虎"正好在下午 1 时出门，以每分钟 80 米的速度向朝阳公园前进，但是在 1 时 5 分的时候，姐姐发现"马马虎虎"忘记带钱包，于是姐姐以每分钟 100 米的速度追了出去。另外，"马马虎虎"在 1 时 10 时也发现忘了带钱包，然后以每分钟 80 米的速度返回。终于"马马虎虎"与姐姐碰面了。"马马虎虎"从姐姐那里拿到了钱包，再向朝阳公园前进，仍然以每分钟 80 米的速度前进。那么，将两人交接钱包的时间忽略不计，"马马虎虎"会迟到几分几秒呢？

 参考答案

"马马虎虎"会迟到 3 分 20 秒。

在 1 时 10 分的时候，"马马虎虎"和姐姐分别离家的距离是：

"马马虎虎"：$80 \times 10 = 800$（米）；

— 113 —

姐姐:$100 \times 5 = 500$(米);

也就是说在 1 时 10 分的时候,两个人之间的距离,也就是他们之间的间隔是:$800 - 500 = 300$(米);

从"马马虎虎"发现忘记带钱包那个时候起到两个人碰面为止,用的时间是:$300 \div (100 + 80) = 5/3$(分)$= 1$ 分 40 秒。

如果"马马虎虎"带着钱包的话,1 时出门,按每分钟 80 米的速度向朝阳公园前进,正好 1 时 20 分到离家 1600 米的朝阳公园,但是因为回去拿钱包,"马马虎虎"把返回的路又要走一遍,往返浪费的时间就是迟到的时间:

1 分 40 秒 $\times 2 = 3$ 分 20 秒。

这块空地的诡计

大家都知道巴依老爷是个非常爱占便宜的家伙。有一次,他外出游玩,看中了乡亲们的一块空地,捻着他那几根山羊胡子,转起了眼珠,在打鬼主意:"我一定要想办法抢到手!"

立刻,他把所有的乡亲们叫到了这块空地,说:"你们给我听好了啊,今天重新分地!但是本老爷是讲究公平、公正的,我这儿有一道数学趣味题,只要你们做出来,这块空地还归你们。如果做不出来的话……哈!哈!这块地就得归本老爷!"说完,便说起题来,"两块地同样长,第一块用去 31 米,第二块用去 19 米,结果所余米数,第二块是第一块的 4 倍,两块地原来各长几米?"

平时就是种地的乡亲们怎么会有时间琢磨数学题呢?这不是胡闹吗!这可难住了乡亲们,他们互相对视也不知道怎么做。巴依这个贪婪的家伙美坏了。

巴依正在得意的美呢,阿凡提骑着小毛驴来了,见到路口被人群围住了,便怀着好奇跳下毛驴,走了过来。乡亲们一看阿凡提来了,心里的石头放下一半了。他们向阿凡提说清了事情的经过,向阿凡提求助。

阿凡提考虑了一下,在巴依老爷跟前,胸有成竹地说了关于数学题的算法。你知道他说了什么方法吗? 最后巴依老爷阴谋得逞了吗?

 **参考答案**

没得逞。两块地原长 35 米。

阿凡提说的方法是:第一块用去 31 米,第二块用去 19 米后,第二块比第一块多 31 - 19 = 12 米,而这时第二块剩的是第一块剩的 4 倍,我们可以先求出第一块剩多少,就可以求出两块地原来各有多少米了。

列出式子如下:

$31 - 19 = 12$(米),

$12 \div (4 - 1) = 4$(米),

$4 + 31 = 35$(米)。

哈哈,看到了吧,巴依老爷的阴谋没得逞。

碰碰车

思维小故事

缺页上面的秘密

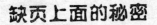

罗丹图书馆管理员嘉莉小姐是个很细心的姑娘。这一天,有个老妇人来归还一本叫做《曼纽拉获得什么?》的书。嘉莉小姐翻了翻,发现缺了第 41 页、第 42 页这一张。

那老妇人解释说:"我借的时候就是缺页的,但事先并不知道。"

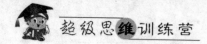

超级思维训练营

　　嘉莉小姐面带笑容地说："可这书是在您还给我的时候发现缺页的呀，按规定应该由您负责赔偿。"

　　老妇人按规定付了款。嘉莉小姐目送老妇人走后，又拿起那本书，随便地翻动着。忽然，她发现在第43页上有几处细小的划痕，好像是用雕刻刀之类的利器划出来的。她开始仔细阅读那一页书，并用铅笔在划痕上描画，线条终于清晰地显现出来。等到全部画完，她发现这些划痕并不都是在文字的周围，有的一部分划在字的四周，另一部分划在空白处，有的则完全划在空白的地方。她忽然明白了：她是在无关紧要的一页上白费劲，真正的秘密隐藏在那张缺页上，第43页上的所有刻痕，不过是从前一页上透过来的印痕而已。

　　她去一家书店买了一本《曼纽拉获得什么？》，小心地把第41、第43页上下对齐后，在两张书页之间夹进一张复写纸，然后用铅笔小心地在第

43 页已有的线条上重描了一次。描完后,抽出第 41 页,兴奋地注视着那些四周画上了线条的文字:

"医治带候很坏宝贝去的元她健康你五十复音万。"

她不免有些失望,这是一堆互不连贯的文字。这难道只是某个人出于无聊而随便画上去的记号吗?

她又仔细地研究起书的第 41 页来。终于发现这些划痕正好把每个字的四周框住,这其中是谁用小刀把第 41 页上的一些字剜了下来。她猛然醒悟:既然这些字是一个个地剜下来的,当然可以随意排列了。如果改变一下这些字的顺序,其结果又将怎样呢?

她变换了几次顺序,最后组成了一句她认为最有意义的句子。她读了两遍句子,觉得这里面可能牵扯到一起绑架案,就报了警。

根据这一线索,警察成功地破获了一起绑架案。原来,那绑匪怕败露笔迹,就从书上剪下一个个的字,然后拼成一句话,寄给被他劫持的"宝贝"的亲属,让他们出钱去赎。

你知道嘉莉小姐拼出了一句什么话吗?

参考答案

她拼出:"你的宝贝,健康很坏,带五十(或十五)万元去医治,候复音。"她注意到"宝贝"和"五十万元",才想到可能和绑架案有关。

狐狸买葱

喜欢坑蒙拐骗的老狐狸,摸着光秃秃的脑袋慢慢地走着,心里琢磨着这年头怎样才能发财呢。

老狐狸看见马路边的老山羊在卖大葱,卖得很火,心里这个嫉妒啊,走

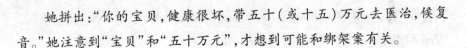

过去试探:"山羊,这大葱,咋卖的?共有多少葱啊?批发还是零售啊?"

老山羊说:"葱啊,卖5毛钱1斤,我这共有100公斤。"

狐狸眼珠一转,鬼主意就上来了,问:"你这葱,我全要了!呵呵,但是你得告诉我,这葱白有多少,葱叶又有多少?"

老山羊看狐狸老贫嘴不买,还搅和得别的顾客买不上大葱,就不耐烦地说:"一棵大葱,葱白占1/5,其余4/5都是葱叶。"

狐狸掰着指头算呀算,一转眼珠又来一个坏主意说:"等等,你先别卖了,我要你批发给我。葱白呢,1公斤我就给你7毛钱。葱叶啊,1公斤我给你3毛钱。7毛钱加3毛钱正好等于1块钱,你算算行还是不行啊?"

老山羊还真没这样卖过,想了想,只觉得狐狸说得也有道理,就答应卖给他了。狐狸笑了笑说,"山羊,我怎么可能亏待你呢,都不容易,怪辛苦的,这年头赚钱多不易啊!咱们一起算钱吧。"

狐狸在地上列了个算式:$0.7 \times 20 + 0.3 \times 80 = 14 + 24 = 38$(元),

然后对山羊说:"100公斤的大葱,葱白占1/5,就是20公斤。葱白1公斤7毛钱,总共是14块钱;葱叶占4/5,就是80公斤,1公斤3毛钱,总共是24块钱。合在一起是38块钱。有错么?"

老山羊真没这样卖过,算了老半天,也没算出来是对还是错,为了尽快成交就说:"你算对了就行,你聪明,我还真算不好。"

狐狸把钱递给了老山羊,说:"狐狸蒙过别人,但是不会蒙山羊的!给你38块钱,收好啦啊!"

老山羊把葱批发给狐狸后,轻松地往家走,总觉得狐狸本性是骗人,这次不可能对自己这样好吧,这钱会不会少了自己的呢,可是少在哪儿呢?想不出来。他低头走着,一脚踏在老鼠洞里,差点栽了个大跟头,小老鼠从窝里钻了出来。"山羊,你要给我拆迁改造是怎么的?来动我的房子?"

山羊说:"鼠老弟,快帮忙算算这笔账,我刚卖葱回来"。

小老鼠说:"你原来大葱是1公斤卖1块。你有100公斤,应该卖100块,这账你还不会啊?狐狸只给你38块,那不差远了吗?可叹你卖这多年的葱啊!"

老山羊点了点头,知道自己上了狐狸的当。可是他不明白,自己是怎样上当的呢?

老鼠说:"狐狸给你 1 公斤葱白 7 毛,1 公斤葱叶 3 毛,合起来算是 2 公斤才 1 块钱,这他已经占一半便宜了。"

老山羊问:"占一半便宜,我也应该得 50 块才对,怎么只得 38 块呢?"

老山羊胡子都气撅了,掉头就找狐狸去了,看见狐狸正在原地卖葱,每公斤他卖 2 块。老山羊从老远就低头往前奔跑,用羊角顶住狐狸后腰,一仰头把他顶进了大泥塘里去了。

你能帮山羊算明白吗?

参考答案

狐狸占的便宜算式 $(1-0.7) \times 20 + (1-0.3) \times 80 = 6 + 56 = 62$(元)。

狐狸 1 公斤的大葱的葱白就占便宜 0.3 元,20 公斤就占便宜 6 元;1 公斤葱叶占便宜 0.7 元,80 公斤共占便宜 56 元,合起来正好赚了山羊 62 元。

哪吒与八戒

一天,八戒和哪吒遇上了。八戒喜欢开玩笑,摇晃着脑袋说:"三头六臂的小妖精,到哪去?"

小哪吒听后,怒发冲冠,大吼一声:"气煞我也,变!"

瞬间变做三头六臂,6 只手分别拿着 6 种兵器:剑、刀、索、杵、绣球、火轮,气势汹汹地朝八戒打来。八戒见状不妙,舞动钉耙迎战,两人打了起来。

打了 10 个回合,哪吒见没有占到便宜,喊"换!"6 只手拿着得兵器顷刻间交换了手中的位置。哪吒不断的变换手里兵器位置,八戒忙晕了。

八戒大胖身子实在招架不住了,忙说:"小兄弟,别打啦,我说你这 6 只手一共有多少种不同的拿法呀?"

哪吒说:"720 种! 服不服?"

八戒撇嘴说:"骗谁呢! 切!"

哪吒让 5 只手依次拿着剑、刀、索、杵、绣球,对八戒说:"看着,我 5 只手拿的兵器先不变,第六只手只有拿火轮,是几种啊?"

"嗯,是一种拿法。"八戒说。

哪吒又让 4 只手依次拿着剑、刀、索、杵,第五、六只手轮换拿绣球、火轮,共有两种拿法。说:"现在呢?"

"嗯,是两种拿法。"八戒说。

哪吒再让 3 只手依次拿着剑、刀、索,另 3 只手变换拿法:"看好了啊!"

"不行不行,我晕喽!"八戒摸摸脑袋说。

哪吒笑骂:"真笨! 你看啊,3 个数:$1 = 1,2 = 1 \times 2,6 = 1 \times 2 \times 3$。我固定两只手,剩下的 4 只手随意拿,可有 $1 \times 2 \times 3 \times 4 = 24$ 种拿法。我 6 只手都随意拿呢? 不就是 $1 \times 2 \times 3 \times 4 \times 5 \times 6 = 720$ 种不同拿法。"

八戒一声"我服了你了",一溜烟地跑了。

其实哪吒 6 只手里兵器的拿法是可以算出来的。你肯定听说过排列组合吧。小学就接触过一部分的。从 n 个不同的元素中,取 r 个不重复的元素,按次序排列,称为从 n 个中取 r 个的无重排列。排列的全体组成的集合用 $P(n,r)$ 表示。排列的个数用 A_n^r 表示。当 $r = n$ 时称为全排列。一般不说可重即无重。可重排列的相应记号为 C_n^r。这就是排列。

从 n 个不同元素中取 r 个不重复的元素组成一个子集,而不考虑其元素的顺序,称为从 n 个中取 r 个的无重组合。组合的全体组成的集合用 $C(n,r)$ 表示,组合的个数用 C_n^r 表示,对应于可重组合,有记号 C_n^r,这就是组合。

排列组合之所以比较难,是因为:一是从千差万别的实际问题中抽象出几种特定的数学模型,需要较强的抽象思维能力;二是限制条件有时比较隐晦,需要我们对问题中的关键性词(特别是逻辑关联词和量词)准确理解;三是计算手段简单,与旧知识联系少,但选择正确合理的计算方案时需要的思维量较大;四是计算方案是否正确,往往不可用直观方法来检验,要求我们搞清概念、原理,并具有较强的分析能力。

我给大家介绍下两个基本计数原理:一是加法原理和分类计数法:这就用上了"加法原理"、"加法原理的集合形式"、"分类的要求"。

每一类中的每一种方法都可以独立地完成此任务;两类不同办法中的具体方法,互不相同,分类不重;完成此任务的任何一种方法,都属于某一类,这样的分类就不会漏了。

二是乘法原理和分步计数法:"乘法原理"、"合理分步的要求"。任何一步的一种方法都不能完成此任务,必须且只须连续完成这几步才能完成此任务;各步计数相互独立;只要有一步中所采取的方法不同,则对应的完成此事的方法也不同。

好了,学习小哪吒吧。看看下题:

有 9 个号码的球,从 1 到 9。你知道可以组成多少个三位数?

123 和 213 是两个不同的排列数。即对排列顺序有要求的,属于"排列 P"计算范畴。

我们从任何一个号码中只能用一次,可以确定:不会出现"988,997"之类的组合,我们可以这么看,百位数有 9 种可能,十位数有 9 - 1 种可能,个位数上有 9 - 1 - 1 种可能。最终有 $9 \times 8 \times 7$ 个三位数。计算公式 $= P(3,9) = 9 \times 8 \times 7$(从 9 倒数 3 个数的乘积)$= 504$。

那么,有从 1 到 9 共计 9 个号码球,请问,如果 3 个一组,代表"一个部落",可以组合成多少个"部落"?

213 组合和 312 组合,代表同一个组合,只要 3 个号码球在一起即可。即不要求顺序的,属于组合"C"计算范畴。

将所有的包括排列数的个数去除掉,属于重复的个数即为最终组合数 $C_9^3 = (9 \times 8 \times 7)/(3 \times 2 \times 1) = 84$。

思维小故事

没装胶卷的相机

仲夏的一天,阳光明媚,风和日丽,鹅鼻川风景区游人如织,一派热闹的景象。摄影师薛剑倚着石炮台的矮墙,眺望着长江,欣赏着眼前这一派壮丽的绝妙景色。他拿起放在石凳上的摄影包,打开包盖,准备拿出他的心爱的宾得相机,好拍照片。可他打开包盖,顿时惊呆了:他的宾得相机不翼而飞了。

他立即抬眼朝四周望去,发现不远处有一个穿 T 恤衫的男子,正在向人群中挤去,手里好像拎着一台宾得照相机。

薛剑马上快步如飞地追上了那个人,从后面一把拉住了那人的衣裳。那人被拉住了,返身责问薛剑:"你拉着我的衣裳干什么?"

薛剑指着他手上的照相机说:"我刚才丢了一台这样的照相机。"

"你丢了照相机管我什么事?"那人反唇相讥,"难道只有你一个人买得起照相机吗?"

薛剑向四周一看,拎着同类相机的人很多,但他依稀记得这个男子刚才曾站在他的身边,现在又想挤进人群溜走,凭感觉断定这个人一定是小偷。可现在自己无凭无据,小偷怎肯承认呢?

猛然间,薛剑急中生智,说道:"我的照相机里已装上了胶卷。"

那人马上反驳道:"这又能说明什么问题呢,谁的相机里不装胶卷呢?"

薛剑听了此话。更加确定了这个人一定是小偷,便抓住话头,问道:"请问你在相机里装的是什么牌子的胶卷?"

"金奖柯达。"那人随口答道。

薛剑又问:"请问你拍了几张?"

那人有些不耐烦了:"我拍了几张关你什么事? 你说这相机是你的,你能说出拍了几张吗?"

"我能,"薛剑说,"不过,现在要邀请一个人来验证一下。"

这时,围观的人越来越多,薛剑就请一位戴着"纠察"袖套的工作人员作公证人。

仅仅过了两分钟,公证人就当众宣布:"薛剑是相机的拥有者。这个人是小偷!"

薛剑是如何通过公证人让小偷认罪的呢?

参考答案

薛剑故意在公证人耳边低语一会儿,还用手指做了个"八"的手势,然后大声地对那个人说:"我已向公证人讲了拍几张的数字,现在该轮到你了。"那个人有些心虚,也附在公证人身旁说了几句话,他猜测薛剑的手势一定是说拍了8张,于是便当众说:"我拍了8张!"

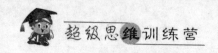

公证人待这个人说完后，举着相机当众宣布说："这位叫薛剑的人刚才悄悄告诉我说相机里根本没有装胶卷，而这个人却说装的是柯达，而且拍了8张。我告诉你们，薛剑说的是对的，他刚才打的手势'八'是故意迷惑这个人的。"

厨子烙烧饼

"武大郎炊饼店"也做烧饼了，他雇用一位名厨，厨子主要负责烙烧饼。这厨子每次只能烙两张饼，两面都要烙，每面3分钟。武大郎说，"先给我烙3张，尝尝，但是不要让我等太久！10分钟后我要出去的。"

你知道厨子要烙这3张饼，最快需要多久吗？

烙一张饼要6分钟，烙3张饼要18分钟。一张一张地烙是不是太费时间了？武大郎是等不及的。厨子可以先烙两张，再烙一张，只要12分钟就行啦！但是武大郎10分钟后要出去，这是不行的。动脑筋！第一个和第二个各烙一面用3分钟。第二个取出，第三个放进，用3分钟。第一个烙好取出，第二个再放进，用3分钟。烙3张饼最少用9分钟。

好了，我做个表吧，关于3张饼的最佳程序：

次　　数	1号饼	2号饼	3号饼
第一次	正面	正面	
第二次	反面		正面
第三次		反面	反面

如果烙4张饼、5张饼……10张饼呢?

烙4张饼——用12分钟

烙5张饼——用15分钟

我们可以得出下表的规律:

饼的个数	最少用时
1	6
2	6
3	9
4	12
5	15
6	18
7	21
8	24
…	…

烙饼的最少用时 = 饼的个数(大于1)×烙一次所用的时间。

熊熊的妈妈生病了

黑熊巴豆的妈妈生病了。为了能挣钱替妈妈治病,巴豆每天天不亮就起床下河捕鱼,赶早市到菜场卖鱼。

一天,巴豆刚摆好鱼摊,独眼鹰、歪歪博士和土狼就来了。巴豆见有顾客光临,急忙招呼:"买鱼吗? 我这鱼刚捕来的,新鲜着呢!"

独眼鹰边翻弄着鱼边问:"这么新鲜的鱼,多少钱一千克?"

巴豆满脸堆笑:"便宜,四元一千克。"

土狼摇摇头:"我老了,牙齿不行了,我只想买点鱼身。"

巴豆面露难色:"我把鱼身卖给你,鱼头、鱼尾卖给谁呢?"

独眼鹰道:"是呀,这剩下的谁也不愿意买!不过,狼大叔牙不好,也只能吃点鱼肉。这样吧,我和歪歪博士牙好,咱俩一个买鱼头,一个买鱼尾,不就既帮了狼大叔,又帮了你熊老弟了吗?"

巴豆一听直拍手,但仍有点迟疑:"好倒好,可价钱怎么定?"

独眼鹰眼珠一转,答道:"鱼身2元1千克,鱼头、鱼尾各1元1千克,不正好是4元1千克吗?"

巴豆在地上用小棍儿画了画,然后一拍大腿:"好,就这么办!"

四人一齐动手,不一会儿就把鱼头、鱼尾和鱼身分好了,巴豆一过秤,鱼身35千克70元;鱼头15千克15元,鱼尾10千克10元。土狼、独眼鹰和歪歪博士提着鱼,飞快地跑到林子里,把鱼头鱼身鱼尾配好,重新平分了,……

巴豆在回家的路上,边走边想:我60千克鱼按4元1千克应卖240元,可怎么现在只卖了95元……巴豆怎么也理不出头绪来。

你知道这是怎么一回事吗?

参考答案

看到这故事的中间,我们就该大声地告诉巴豆,你被骗了!可是乖巧的巴豆听不到,如果60千克鱼按4元1千克,那么应该是:

$(35 + 15 + 10) \times 4 = 240$(元)

而现在按照独眼鹰说的算法的话就变成了:

$35 \times 2 + 15 \times 1 + 10 \times 1 = 95$(元)

巴豆整整少赚了145元,可怜的巴豆啊,你可一定要去和蓝猫、菲菲、淘气、咖喱学习数学了,这样以后就不会被这些狡猾的动物欺骗了!

思维小故事

两只大鼓

勐西纳是西南一个少数民族的聚居村落。在这个村落里,有一对以打猎为生的多嘎达兄弟。由于兄弟俩为人厚道,乐善好施,方圆几十里的村民没有不喜欢他俩的。

有一天,兄弟俩用猎杀的一头熊在集市上卖了100两黄金,因为要给人送货,便将100两黄金装在一个篮子里,上面盖上一些鳝鱼,寄存在集市上的一个名叫阿夏的朋友家里。

兄弟俩送完野货,回来取黄金时,那位叫阿夏的朋友将篮子还给兄弟俩,俩人打开篮子一看,见篮子里只有鳝鱼,却没有了黄金。

兄弟俩便问阿夏,可阿夏说什么也不承认看见了黄金。没有办法,兄弟俩只好来到王宫,向国王召贺拉报了案。

召贺拉国王马上在王宫的大殿上公开审理此案。他把兄弟俩和阿夏夫妻俩一同召进宫里,让他们再把事情说一遍,于是双方面对国王召贺拉又都分别陈述了一遍自己的理由。

召贺拉听双方说得都有道理,有些犯难。站在身边的宰相看出了国王的烦忧,便向国王献了一计。国王召贺拉一听,不禁大喜过望。

立刻,召贺拉国王命人抬出了两只直径足足有一米宽的大鼓,下令道:"因为你们都说不清黄金的真实情况,我决定重重地惩罚你们。现在我命令你们两人抬一只鼓,在森林里走一圈。"

多嘎达兄弟俩先抬了一只大鼓,走出王宫大门,向森林里走去。

阿夏和他的老婆没有办法,只好也抬上了一只大鼓,远远地随着多嘎

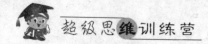

达兄弟俩,向森林里走去。

笨重的大鼓压得阿夏和他老婆弯着腰直喘粗气。就在他们来到一处山坡时,走在前面的阿夏的老婆扭着头对阿夏说:"我说阿夏,你怎么能忍心骗别人的黄金呢?"

阿夏往四外看了看,见没有人便说道:"笨货,你知道那些黄金够我们吃几辈子的吗?"

阿夏老婆把鼓放在地上,冲着阿夏嚷道:"哼,埋黄金你不让我知道,抬大鼓有我的份,我不抬啦!"

阿夏连忙说:"你别吵了,小点声啊,我告诉你,金子就埋在三叉丫的那棵老茶树下,等把鼓抬回去,我把黄金分一半给你保存就是啦!"

阿夏老婆这才把鼓抬了起来,往森林里走去。俩人刚刚走出一片阴暗的森林,忽然发现前面不远处多嘎达兄弟一边抬着鼓一边正骂着国王召贺拉呢!两人连忙绕了过去,回到了王宫。他俩刚到宫门,多嘎达兄弟

俩也抬着鼓来到了宫门口。

四个人刚一进殿，国王召贺拉便下了一个命令。随后，阿夏就承认了骗取黄金的事实。

阿夏为什么一听到了召贺拉国王的命令就认了罪呢？

参考答案

召贺拉国王下的命令是："你们两个人从大鼓里出来吧！"话音一落，两个大鼓的盖一起打开，从鼓里各走出了一个拿着笔和纸的差役。把他们在鼓里听到的4人对话全部呈给了召贺拉国王。于是，阿夏便认了罪。

高斯念小学的时候

你知道数学王子是谁吗？我来告诉你吧，是高斯。他是德国的数学家。在他念小学的时候，在学习加法后，因为老师累了想要休息一下，就出了一道题目让同学们算算看。什么题目呢？

"$1+2+3+\cdots+97+98+99+100=?$"老师认为小朋友估计要算到下课的！

老师正想开门回办公室，小高斯叫道："老师，我做出来了……"

你可知道他是如何算的吗？

让高斯来告诉大家吧！他的算法是：把1加至100与100加至1排成两排相加：$1+2+3+4+\cdots\cdots+96+97+98+99+100$

$100+99+98+97+96+\cdots+4+3+2+1$

这样，数一数，共有一百个101相加，但算式重复了两次，所以把10100除以2就得到答案等于5050了。高斯小学的思维能力就早已经超越了其他的同学，这也为他成为数学天才奠定了坚实的数学基础。

高斯的想法就是在找一个规律：

就是前一个数和后面的数的差是固定的(例如1,2,3……)它们的和就是等差数列求和。

首先找它的第一个数和最后一个数。再看它一共有几个数(例如1,2,3就有3个数)

公式：第一个数乘最后一个数的和乘个数除以二。

和＝(第一个数＋最后一个数)×个数÷2

个数＝(最后一个数－第一个数)÷公差＋1

第一个数＝2和÷个数－最后一个数

最后一个数＝2和÷个数－第一个数

最后一个数＝第一个数＋(个数－1)×公差

好了,我们也学习高斯的这个想法吧,试试灵不灵。

5,4,3,2,……前多少项的和是－30?

分析:设最后一项为 x。

$(5+x)×(5-x+1)×0.5=-30$

$30+x-x^2=-60$

$x^2-x=90$

$x^2-x+0.25=361/4$

$(x-0.5)=±19/2$,正的舍去

$x=-9$

最后一项是－9,总共就是 $5-(-9)+1=15$ 项。

答案出来了! 5,4,3,2,……前15项的和是－30。

测高楼的高度

雨过天晴,阿峰对阿成说:"这里有一盒卷尺,看到对面中央电视台

的大楼了吧,它的四周是广场。如果在不登高的情况下,怎样才能量出对面中央电视台大楼的高度?"阿成听罢问题后,想了一会儿,又拿卷尺量了一番,最后得出了中央电视台大楼的高度。聪明的你想到是怎么测的吗?

参考答案

阿成仔细观察了,雨过天晴,太阳可以照出影子,可以用卷尺将一个人的身高和身影量出,高层楼影也可以量出。然后用:人高/人影=楼高/楼影这个式子计算出楼的高度。

思维小故事

引 诱

战国时期,齐、楚、燕、韩、赵、魏等六国在一个名叫苏秦的游说下,联合起来,共同抗秦。六国国王都很信任苏秦,都封他为本国的宰相。有一天,苏秦告别燕王,来到了齐国。齐王亲自出迎,并把他安置在一个守卫严密、风景秀丽的花园中。齐王几乎每天都要来花园中与苏秦商量军机大事。这一天,苏秦送走了齐王,吃过晚饭,独自一人来到后花园散步。他刚走过小桥,来到望月亭坐下,忽然从亭边一株桃树后面蹿出一个蒙面刺客,舞剑向他刺来。苏秦大惊失色,一面高呼救命,一面抓起身边的一根木棒企图抵挡。那刺客剑法纯熟,平时从不习武的苏秦哪是他的对手。只两三下,苏秦便被刺客一剑刺中,翻倒在地。刺客见状,便翻墙逃走了。等到守卫花园的兵士们赶来时,苏秦已奄奄一息了。

兵士们急忙把苏秦被刺的消息报知了齐王。齐王当即赶到花园，看望苏秦。

苏秦吃力地睁开眼睛，对齐王说："大王，臣死无憾，只是不能再帮助大王完成抗秦大业了……"

齐王忙安慰他说："本王要为你树碑立传，永示后代！"

"那样万万不可。"

"为什么？"

"我只有一个要求……"

"快说，不论什么事，本王都替你去办！"

"我要大王捉住刺客，替微臣报仇！"

"可是刺客已经逃走了。"

"我有一个办法可让他自投罗网。"

苏秦说出了自己的主意，齐王大吃一惊，刚要再问，苏秦脑袋一歪，咽下了最后一口气。

第二天，齐王亲自实施了苏秦的计划，果然很快就有一个人来到齐王的面前，神气十足地对齐王说道：

"启禀大王，是我见苏秦到齐国怀有二心，所以除掉了他。"

"这么说，是你刺死苏秦的了？"

"正是小人为民除奸。"

"好，那就请你把刺杀苏秦的经过讲给本王听听。"

刺客一听十分高兴，一口气儿把那天晚上刺杀苏秦的经过述说了一遍。齐王听刺客说的和苏秦临死前说的情况一样，便认定了此人是刺客无疑，于是高声喝道：

"来人哪，还不快给我绑了！"

"啊！大人……"刺客惊慌得叫喊起来。

齐王说道："苏秦不愧为天下名士，足智多谋。是他临死时给本王出的主意，这才抓住了你这真正的奸佞之徒！推出去，给我斩了，用他的头来祭奠爱臣苏秦的亡灵!"

刽子手立即将刺客斩首示众。

人们看见刺客伏法了,更加佩服苏秦的智谋。

那么,苏秦临死时给齐王出了什么主意,才使刺客自投罗网呢?

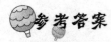

参考答案

苏秦知道自己伤势太重,要不久于人世了。为了捉住刺客,便献了一个"自污"的计策来帮助齐王破案。他对齐王说道:"臣死后,请大王亲自将臣的尸体车裂示众,然后再当众宣读我的罪行,说我是燕国派来颠覆齐国的奸细。如果这样做,就能捉到刺客,为臣报仇了。"

齐王按苏秦的主意办了之后,刺客看见苏秦被车裂,便从人群中走出来,承认自己就是刺客,结果中了苏秦的计。

第七章 智力比拼

十几乘十几

蓝猫要救炫迪,土狼开始为难他们,主要是关于 11~19 内,任何一个两位数相乘的简便方法的问题。

土狼问蓝猫:"12×13 =? 请在 1 分钟内说出来。"

蓝猫说:"没问题百位数 1;十位数 5;个位数 6。对不对?"

蓝猫怎么算的呢?

$$
\begin{array}{r}
1\,2 \\
\times \quad 1\,3 \\
\hline
6 \quad \cdots\cdots\cdots(\text{个位上的 } 2\times3) \\
5 \quad \cdots\cdots\cdots(\text{个位上的 } 2+3) \\
1 \quad \cdots\cdots\cdots(\text{个位上的 } 1\times1) \\
\hline
1\,5\,6
\end{array}
$$

因此 12×13 = 156。

土狼问菲菲:"12×16 =? 菲菲你说。快点!"

菲菲马上答道:"百位数 1;十位数 8;个位数为 12;进位后,十位数为 8 + 1 = 9,个位数为 2,因此 12×16 = 192。"

菲菲怎么算的呢？

$$
\begin{array}{r}
1\ 2 \\
\times\quad 1\ 6 \\
\hline
1\ 2 \\
8 \\
1 \\
\hline
1\ 9\ 2
\end{array}
$$

————（个位上的 2×6）

————（个位上的 $2 + 6$）

————（十位上的 1×1）

通过蓝猫和菲菲的计算,你发现了什么? 百位数位为1,十位数为两个乘数的个位数之和(大于10则进位),个位数为两个乘数个位数之积(大于10则进位)。蓝猫和菲菲将方法告诉给了大家。

方法:头乘头,尾加尾,尾乘尾。个位相乘,不够两位数要用0占位。

头相同,尾互补

土狼为了到老板那去领奖,必须难住龙骑团的成员。土狼说:"请咖喱回答:$37 \times 33 = ?$ 快点儿,别耽误我去领奖!"

咖喱说:"$3 + 1 = 4$;$4 \times 3 = 12$;$7 \times 3 = 21$;$37 \times 33 = 1221$。"

惊喜发现:你发现规律了吗? 为什么咖喱算得这么快捷又准确?

咖喱有口诀的:两位数相乘,十位数(头数)相同,个位数(尾数)相加等于十;头相同,尾互补,计算的口诀为:其中一个头加1后,头乘头,尾乘尾。

头相同,尾互补(尾相加等于10),方法:一个头加1后,头乘头,尾乘尾。个位相乘,不够两位数要用0占位。

方法很简单,由个位数向前推,得数直接写下来。顺序为:先写21(7×3),再写12[$3 \times (3 + 1)$]。

土狼有点急了,看来是难不倒他了,就对巴豆说"不行,我考巴豆。

巴豆你说 $41 \times 49 = ?$ 快点,呆头呆脑的。"

巴豆开始很紧张,蓝猫说:"巴豆稳住,别急,慢慢算算。"

巴豆嘟囔着:"先写 09(1×9),再写 20[4×(4+1)]。"

最后得: $41 \times 49 = 2009$。"

土狼接着问:"那 $68 \times 62 = ?$ 快说,别磨蹭!"

巴豆说:"先写 16(8×2),再写 42[6×(6+1)]。"

最后得: $68 \times 62 = 4216$。"

土狼气得直发抖。

巴豆按照口诀来算真是太简单了,但是注意 41×49 中个位相乘,不够两位数的要用 0 占位。

第一个乘数互补,另一个乘数数字相同

"不难住你们我领不到甜饼的啊,老板还会打我的。"土狼擦了把汗,说:"啦啦你来算 $37 \times 44 = ?$ 不许看蓝猫。"

啦啦说:"没问题,这是龙骑团的计算口诀,你难不住我们的,3+1=4;4×4=16;7×4=28; $37 \times 44 = 1628$。"

土狼吓得腿颤:怎么回事啊,他们没有笔却能算准确!

奇妙规律: 因为龙骑团中的计算秘诀之一是:两位数相乘,第一个数十位上的数与个位上的数互补,另一个数十位上的数与个位上的数相同。

互补数的头加 1 后,头乘头,尾乘尾。个位相乘,不够两位数要用 0 占位。由个位数向前推,得数直接写下来。顺序为:先写 28(7×4),再写 16[(3+1)×4]。

土狼接着问:"啦啦再算 $46 \times 22 = ?$ $73 \times 33 = ?$ 快!"

啦啦说:"先写 12(6×2),再写 10[(4+1)×2]。最后得: $46 \times 22 =$

1012;先写 09(3×3),再写 24[(7+1)×3]。最后得:73×33=2409。"

你仔细看了吧? 啦啦注意到了:个位相乘,不够两位数的要用 0 占位。你做题可别忘了此规律哦!

几十一乘几十一

土狼在嗷嗷大叫,这时九尾狐过来了,见状说,"让我来考他们! 蓝猫 21×41=? 21×61=? 41×91=? 这次难住了吧?"

蓝猫低头闭眼想口诀,立刻抬头说:"先写十位积,再写十位和(和满 10 进 1),后写个位积。21×41,2×4=8,2+4=6,21×41 就等于 861。21×61,2×6=12,2+6=8,21×61 就等于 1281。41×91,4×9=36,4+9=13,36+1=37,41×91 就等于 3731。没错吧? 快把炫迪交出来。"

直接告诉你:这是龙骑团的又一计算秘诀。几十一乘几十一的巧妙方法是:头乘头,头加头,尾乘尾。

蓝猫告诉你:先写十位积,再写十位和(和满 10 进 1),后写个位积。如果十位数的和是一位数,我们先直接写十位数的积,再接着写十位数的和,最后写上 1 就一定正确;如果十位数的和是两位数,我们先直接写十位数的积加 1 的和,再接着写十位数的和的个位数,最后写一个 1 就一定正确。

11 乘任意数

土狼正要放炫迪时,正好淘气赶到。土狼说:"不公平,还差淘气呢,我得给他出题 11×435=?"

淘气聪明干练,说:"小意思,4+3=7,3+5=8。首位上的 4 和尾位

— 137 —

上的 5 分别还是落在首尾的位置上。得到的结果就是：$11 \times 435 = 4785$。"

土狼说："再长点的数字，快计算：$11 \times 23125 = ?$"

淘气说："没问题，$2 + 3 = 5, 3 + 1 = 4, 1 + 2 = 3, 2 + 5 = 7$。首位上的 2 和尾位上的 5 分别还是落在首尾的位置上。得到的结果就是：$11 \times 23125 = 254375$。"

土狼说："我的甜饼啊，要泡汤了，再来一个 $11 \times 67843 = ?$ 说给我听听！"

淘气说："$6 + 7 = 13, 7 + 8 = 15, 8 + 4 = 12, 4 + 3 = 7$。首位上的 6 和尾位上的 3 本该还是分别落在首尾的位置上，但是由于有满十的情况，满十的话要进一，所以 13 中的十位要加到首尾的 6 上，15 的十位要加到第二位的 3 上，12 中的十位要加到第三位的 5 上，所以最后得到的结果就是：$11 \times 67843 = 746273$。"

悄悄话：淘气告诉大家的悄悄话：11 乘以任意的一个数的规律是：首尾不动下落，中间之和下拉。

思维小故事

算命先生智破奇案

清朝时一个秋天的傍晚，北京城郊有两个人兴冲冲地走来。这是两个布贩子，一个叫王心魁，一个叫孙宝发，刚从河南贩布归来。这一趟生意颇为顺利，两人大赚了一笔，心情愉快，一路上边走边说笑。这时，路边一个身材魁梧的大汉，正坐在扁担上用草帽扇风，远远看见了他俩，就迎上来操着外地口音问："两位大哥，附近可有旅店？"王心魁是个爽快人，伸手一指：

"向前再走一里多路就有一家客栈。正好我们也要住店！你不识路就跟我们走吧。"大汉赶紧谢了，挑起箱子跟着布贩子向客栈走去。

一路上，三人东拉西扯，互通了姓名。大汉自称刘三，一直在北京一带跑生意，老家在山西一个很偏僻的穷村子里。前天，他突然接到老家捎来的口信，说他老父一病不起，要他赶紧回去。他想老家什么都没有，就准备了两大箱东西，急匆匆往家赶。不多久，三人到了兴来的客栈，并一齐住进了东厢房。东西放好后，三人洗了把脸，就早早睡下了。

在他们隔壁住着两个人，一个是卖砂壶的，另一个是人称"京城一卦"的算命先生，人们只知道他姓陈，都叫他陈一卦。卖砂壶的逮住这个机会，要先生不收钱给自己卜一卦。这一闹便闹得很晚。卖砂壶的倦意涌上来，头一歪便睡着了。陈一卦也准备睡下，可一时半会儿怎么也睡不着。就在陈一卦迷迷糊糊要进入梦乡的时候，隔壁东厢房突然传来一阵古怪的响动。算命先生听觉极为敏锐，他翻身起来，把耳朵贴在墙壁上，好像是斧子从空中挥过的风声，接着是人的呻吟声！接着是一阵奇怪的声响，再听，就什么动静也没有了。

陈一卦倒吸了一口凉气，想了一会儿，摸到卖砂壶的床前，悄悄推醒他，附在他耳边说："坏了，东厢房出命案了！"卖砂壶的先是大惊，继而不信。陈一卦说："我假装把你的砂壶打碎，你和我吵架，声音弄得越大越好，以便观察东厢房的动静。"说着，他点上灯！操起一把砂壶砸在了地上。卖砂壶的破口大骂，算命先生又回骂着，吵架声在深夜里显得格外刺耳。整个旅店里的人都被吵醒了，各房间也都亮起了灯。东厢房里的三人先推门进来，询问原委。卖砂壶的说算命先生无故砸他的壶，算命先生说自己的钱丢了。

这时旅店的老板也来了，对卖砂壶的说："既然你没偷算命先生的钱，就把你的东西给他看看吧。"卖砂壶的同意了。众人搜了一阵，毫无所获。陈一卦又放声大哭："我是个盲人，靠给人算卦好不容易积下了几串铜钱。如今丢失，在这里住店的都有嫌疑。和我同屋的没搜到，那就应

碰碰车

该从离我这个屋子最近的开始一个一个搜！搜不到，我就不活了！"东厢房里的三人大怒："你这算命的真没道理。我们一片好意帮你，你不但不领情，还反咬我们一口！"

这时候住客越聚越多，看着陈一卦那副寻死觅活的可怜相，纷纷劝道："就从你们三人搜起，搜不到再把我们挨着个儿搜，让算命的死了心也好。"说着，众人便拥进了东厢房。三人没办法，只好打开包裹等物品，没有搜到什么。众人要他们把箱子也打开，刘三连忙说："这里面都是我准备回去奔丧的丧葬用品，太不吉利！恐怕冲了大伙的财气。"陈一卦坚持要打开，刘三神色大变。住客们越发怀疑是他偷了钱，纷纷要求开箱。刘三和另外两个人汗如雨下，企图夺路而逃，早被大家拉住了。旅店老板亲自打开箱子，竟是两具尸体！

原来,为了夺财,两个布贩子已被刘三那三人害死,掩藏在箱子里。

布贩子已被害死,那么其他两人又是谁?他们是怎么进入东厢房的呢?

参考答案

刘三挑着的那两个箱子里,藏着两个同伙。杀完人后,把死者装入箱里,这样,住店时 3 个人,出店也是 3 个人。如此相符,不会引起别人怀疑。

十几乘任意数

土狼很沮丧,突然他想到:"对了,我考考这个小家伙,他要不会的话,还不放!"

"炫迪,我考你 $12 \times 324 = $? 不许磨蹭,快说,我要拿你领奖呢。"

炫迪在一边听到龙骑团都在用口诀,自己也回忆起来了,说:"12 个位上是 2,$2 \times 3 + 2 = 8$,$2 \times 2 + 4 = 8$,$2 \times 4 = 8$。最后的结果是:$12 \times 324 = 3888$。"

"不行!再算一个 $13 \times 3268 = $?"土狼气的发晕了。

炫迪说:"13 个位上是 3,$3 \times 3 + 2 = 11$,$3 \times 2 + 6 = 12$,$3 \times 6 + 8 = 26$,$3 \times 8 = 24$。最后的结果是:$13 \times 3268 = 42484$。"

土狼只好按照规定,把炫迪交给了蓝猫。

惊奇的发现:龙骑团的计算秘诀:一个十几的两位数和任意数相乘的方法是:第二乘数首位不动向下落,那个十几的因数的个位上的数乘以第二个乘数的后面的每个数字,加下一位数,再向下落。

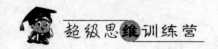

企鹅和白熊

终年冰天雪地的北极,非常有意思的,一年的一半是黑夜,另一半全是白天。像我们人类突然在那里生活肯定是不适应的。在那里生存必须有很特别的、适应当地生活的本领。

北极熊是熊族最有分量的成员。美洲大灰熊站起来有 250 厘米左右,体重一般都在 300 千克以上。我们人类两个人加起来都不是一只美洲大灰熊的对手。而北极熊比美洲的大灰熊还要大……

北极熊发展为重量级人物,是因为它自身除了有在冰天雪地里维持体温需要的足够厚毛皮之外,还要有足够的脂肪御寒。

但是那里的环境太恶劣了,觅食对已北极熊来说是很困难的。主要是食物的缺乏,北极熊只能看见啥就吃啥。所以人们说它们是残暴闻名的动物,凶恶无比……

你看北极熊那么凶残,为了保存自己,冰天雪地里它见什么就吃什么,绝不手软。但是,你想想,北极熊吃企鹅吗?

对! 打死都不吃……不要怀疑,北极熊真的不吃企鹅,这是大自然的定律,但是,为什么呢?

哈哈,因为企鹅在南极,而北极熊在北极。这个潜在的条件你想到了吗? 让我绕住了吧?

好了,想想这个餐厅的服务员们,那叫一个手快! 服务员约翰 1 分钟能洗 3 个盘子或 9 个碗,服务员琼 1 分钟能洗 2 个盘子或 7 个碗,服务员约翰和服务员琼两人合作,20 分钟洗了 134 个盘子和碗。你知道他俩各洗了多少个盘子多少个碗吗?

服务员约翰洗了 48 个盘子、36 个碗;服务员琼先了 36 个盘子、14 个碗。

设 x_1, y_1 分别代表服务员约翰洗的盘子数和碗数,x_2、y_2 分别代表服务员琼洗的盘子数和碗数,那么:

$$\begin{cases} x_1/3 + y_1/9 = 20 & (1) \\ x_2/2 + y_2/7 = 20 & (2) \\ x_1 + x_2 + y_1 + y_2 = 134 & (3) \end{cases}$$

3 个方程 4 个未知数,显然要利用潜在的不等式来解决了,即:

$x_1 \geq 0$ (4)

$x_2 \geq 0$ (5)

$y_1 \geq 0$ (6)

$y_2 \geq 0$ (7)

最后还有一个隐藏条件:x_1、x_2、y_1、y_2 均为整数。

求解思路:首先从方程(1)、(2)解出 y_1 和 y_2,代入方程(3),得

$y_1 = 9(20 - x_1/3)$ (8)

$y_2 = 7(20 - x_2/2)$ (9)

$4x_1 + 5x_2 = 372$ (10)

其次,将方程(8)、(9)带入不等式(6)、(7),可以得到 x_1 和 x_2 的范围,不过演算一下便知范围过大,不便于下一步讨论;我们利用 x_1、x_2 均为整数这个条件,进一步设

$x_1 = 3t_1$ (11)

$x_2 = 2t_2$ (12)

可以得到 t_1 和 t_2 的范围:$14 \leq t_1 \leq 20$ (13)

另外,将(11)、(12)带入方程(10)可得关于 t_1、t_2 的方程:

$6t_1 + 5t_2 = 186(14)$

由(13)和(14)可得 t_1 唯一解,即 $t_1 = 16$,从而 $t_2 = 18$

继续求得 x_1、x_2、y_1、y_2 已不是难事。

为了对两个服务员公平,我们检验一下:设服务员约翰洗了 x 分钟,服务员琼洗了 $20-x$ 分钟。依题意:$3x + 2x + 9(20-x) + 7(20-x) = 134$,解得 $x = 16$。总共洗了 $3x + 2x = 80$ 个盘子。$134 - 80 = 54$ 个碗。没错!

思维小敌事

花园里的脚印

刑侦队长雷诺退休后,应聘到一家保险公司做了一名调查员,负责一些意外事故的核实工作。这天中午天刚下过雨,雷诺心想上班也没有什么事,干脆在家看电视吧。正要打开电视,手机响了。原来是公司打来电话,说枫园小区的一个别墅里发生了一桩抢劫案,一位女士价值 50 万元的项链被抢走了。这位女士在一个月前为她的财产投了高额保险。如果情况属实又破不了案,那么公司将要赔偿她 50 万元。

雷诺急忙赶往枫园小区。按照公司提供的地址很快找到了失窃的女士家。这是一座欧式别墅,前面是一幢西班牙式的洋楼,后面还有一座花园。那位女士 30 多岁,她说她叫索菲。索菲女士把他领到屋内,雷诺看到屋子里被翻得乱七八糟,地上扔满了书、衣服和女人的装饰品之类的东西。雷诺让她详细介绍一下情况。索菲女士说:"今天中午我和一位朋友一块吃饭。吃过饭大约两点钟时,我回到了家。我用钥匙打开院门,听见屋内有响动，我还以为是在外经商的丈夫回来了呢。可是我刚进屋门，就看见一个人从屋子的后门跑出去了，那人比我丈夫更高大、更强壮。而我的项链盒扔在地上，项链不见了。接着，我追了过去，那人从后花园跑掉了。当我追到街上时，那人已经不见踪影了。"

雷诺来到后花园看看。后花园的地面没有硬化，地上有两行清晰的脚印。

"那大的脚印是那个窃贼的，小的脚印是我自己的。"索菲女士说。

雷诺问："您向警察局报案了吗？"索菲女士摇摇头。

"那您刚才好像说过这两行脚印大的是那个贼的，小的是您的。"

"是的，除您以外还没有人来过这里。"

"可是，这两行脚印竟没有一处是重叠的，这好像不太符合当时那紧张的情形。"

索菲女士有点不太高兴："您是不是怀疑我想骗取你们公司的钱？我是个遇事不慌、从容镇定的女人。我想不破坏那人的脚印，这对将来破案有好处。我不但没有踩那个贼的脚印，而且回来的时候我从大街上转了一圈，没有从花园过，怕毁掉一些有用的线索。"

"的确，这将是很有力的证据和很有价值的线索！"雷诺说，"我有些佩服您的聪明，但还有一个问题我不明白。您看，这个身材高大的贼的步幅竟是如此的小，而且跟您的恰好一样，我宁愿相信这是巧合，不知您对此有什么看法？"

"世上什么样的巧合都可能发生，不是吗？您还有什么问题要问吗？我有些累了，想马上休息。"

"您刚才说您进门时是用钥匙打开门的，那么那个贼应该是从后门进来的，后面的花园是他的必经之处，可是后面花园里的脚印只有出去的，没有进来的，这该作何解释呢？"

索菲女士勉强挤出一点笑意，说："我想您该问那个贼才对，也许他是利用了高科技手段飞进来的吧。"

雷诺也笑了："索菲女士，您很有幽默感。您今天跟我们公司以及我本人开了一个很让人害怕的玩笑！那个价值50万元的项链，我敢肯定它没有被贼偷走，那个贼可能也只是一个幻影而已。"

项链到底有没有被偷走呢？

 参考答案

没有，索菲女士只是谎报，现场的两排脚印步伐的大小差不多，是她自己制造的。

欢乐校园

你观察过我们美丽的校园吧,感受过校园带给你的欢乐吧。

3月12日,植树节那天,京源学校要求每个同学在校园里栽4棵树,每相邻两棵树相距5米。现在,给你一根10米长的软尺,你能给设计一个方案吗?

要求是使四棵树栽在一条直线上,并说明你这样设计的理由。

方案设计:先把尺子伸直两端各种一棵树,再把尺子一端放在两树正中间也就是5米处,尺子中间5米处就是刚种的第二棵树,两点确定一条直线,在尺子另一端中的三棵树,然后把尺子一端固定在第二棵树处尺子中间,是在第三棵树处确定直线,在尺子另一端种第四棵树。这样就是都在一条直线上了。你是这样设计的吗?

在比例尺是1:3000的学校平面图上量的长方形校园的长是15厘米,宽是12厘米。这所学校的实际占地面积是多少平方米?

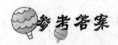参考答案

这所学校的实际面积是162000平方米。

实际距离 = 图上距离 ÷ 比例尺

长方形的实际长是 $15 ÷ (1/3000) = 45000$ 厘米 $= 450$ 米;

长方形的实际宽是 $12 ÷ (1/3000) = 36000$ 厘米 $= 360$ 米;

长方形的实际面积是 $450 × 360 = 162000$ 平方米。

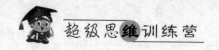

我的职称和性别

我是师院的钟老师。在我们学院的教职工内,总共有16名教授和助教,包括我在内。但是,非常有意思的是,我的职称和性别计算在内与否都不会改变下面的变化:

(1)助教多于教授;

(2)男教授多于男助教;

(3)男助教多于女助教;

(4)至少有一位女教授。

你知道我的职称和性别是什么样的吗?你不要以为我可有可无哦,我的授课水平,可是被学生认可的呢!

女助教。

这是在确定一种不与题目中任何陈述相违背的关于男助教、女助教、男教授和女教授的人员分布情况。

首先由于教授和助教的总数是16名,从条件(1)和(4)得知:助教至少有9名,男教授最多是6名;

按照条件(2),男助教必定不到6名。根据条件(3),女助教少于男助教,所以男助教必定超过4名;

男助教多于4名少于6名,故男助教必定正好是5名。于是,助教必定不超过9名,从而正好是9名,包括5名男性和4名女性,于是男教授则不能少于6名。

如此,如果是一名男教授,则与(2)矛盾;是一名男助教,则与(3)矛盾;把一名女教授排除在外,则与(4)矛盾;如果是一名女助教,则符合所有条件。因此,钟老师是一位女助教。

思维小故事

辣嫂巧戏县官

从前,有个县官以关心百姓疾苦为名,带着一班人马,到乡间游山玩水,吃喝玩乐。

这天黄昏,县官大人一行来到莲花山古阳寨,看天色已晚,就想在此暂住一夜。

下轿之后,他让随行人去找这寨子里的甲长,并吩咐道:"要搞20盘山珍野味给老爷下酒。"

一个时辰过后,甲长领着县官来到辣嫂家中吃饭。入座后,县官看到桌上摆的只是两盘韭菜、一盘炒笋干、一盘辣椒,根本没有什么山珍野味,不由勃然大怒,质问甲长:"刚才的交代,你听清楚了没有?"

甲长一时神色慌乱,不知如何回答。辣嫂见状,笑迎上前说道:"县官大老爷,桌上的菜,正是遵照您的吩咐准备的呀!"

说罢,辣嫂一五一十地数给县官听。县官听了辣嫂的解释,哑口无言,愤然离去。

你猜猜看,辣嫂说了些什么话,使县官大人无言以对。

辣嫂数给知县大人听:两盘韭菜,二九一十八,加上笋干一盘,辣椒一盘,正好20盘菜,这些都是山珍野味。

山羊买外套

喜羊羊(白)、懒羊羊(黑)、美羊羊(灰)一起上街各买了一件外套。3件外套的颜色分别是白色、黑色、灰色。

回家的路上,一只小羊说:"我很久以前就想买白外套,今天终于买到了!"说到这里,她好像是发现了什么,惊喜地对同伴说:"今天我们可真有意思,白羊没有买白外套,黑羊没有买黑外套,灰羊没有买灰外套。"

美羊羊说:"真是这样的!你要是不说,我还真没有注意这一点呢!"

你能根据他们的对话,猜出小白羊、小黑羊和小灰羊各买了什么颜色的外套吗?

参考答案

喜羊羊买了黑外套,懒羊羊买了灰外套,美羊羊买了白外套。

为了便于区分,我们以颜色称呼他们。根据第一只羊的话,买白外套的一定不是小白羊,是小黑羊或者是小灰羊,但是根据小黑羊的话说话的一定是小灰羊,那么小灰羊一定买了白外套。小黑羊没有买黑外套也不能买白外套,只能买灰外套。小白羊只能买黑外套了。

思维小故事

警长的推理

警官鲁道夫拿着一份案件的卷宗走进了警长海德格的办公室,将其恭恭敬敬地放在上司的桌上。

"警长,4月14日夜12时,位于海德剧院附近的一家超级商厦被盗去大量贵重物品,罪犯携赃驾车离去。现已捕获了3名嫌疑犯在案,请指示!"

海德格警长看了得力助手一眼,翻开了案卷,只见鲁道夫在一张纸上写着:

事实1:除 a、b、c 三人外,已确证本案与其他任何人都没有牵连;

事实2:嫌疑人 c 假如没有嫌疑人 a 做帮凶,就不能到那家超级市场

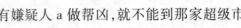

作案盗窃；

事实3：b不会驾车。请证实a是否犯了盗窃罪？

海德格警长看后哈哈大笑，把鲁道夫笑得莫名其妙。然后，海德格三言两语就把助手的疑问给解决了。请问，警长是怎样判案的呢？

参考答案

如果b是清白的，则根据事实1，a和b是有罪的；如果b是有罪的，则他必须有个帮凶，因为他不会驾车；再次证实a和c有罪。因而，第一种可能是a和c有罪；第二种可能是c清白，a有罪；第三种可能就是c有罪，则根据事实2，a同样有罪。结论a犯了盗窃罪。